K.G. りぶれっと No. 33

環境記者、大いに吠える!

関西学院大学総合政策学部［編］

関西学院大学出版会

はじめに

久野　武（関西学院大学総合政策学部教授）
鎌田康男（関西学院大学総合政策学部教授）

総合政策学部での学びの特徴としてよく言われているのは、多様な視点と学問的方法で、現実の世界が直面している問題の解決方法を探るということです。

こういう発想、アプローチはどんな職場でも本来必要なことですが、目に見える形でこのアプローチを求められる職業としては、政治家や行政官があげられます。さらにもうひとつ、報道機関の記者もそうしたものの一つでしょう。

さて鎌田ゼミの一期生である吉良敦岐君は読売新聞に入社しましたが、二〇一〇年一二月より本社に配属され、環境省記者クラブに籍を置くようになりました。一方、久野ゼミの五期生である岩井建樹君は朝日新聞社に採用されましたが、やはり二〇一〇年四月から本社に配属され、二〇一一年九月から環境省記者クラブに籍を置くようになりました。

読売、朝日と日本を代表する大新聞に二人の総合政策学部ＯＢがほぼ同時期、どちらも環境省担当記者になったのです。これはほとんどありえないような偶然と言って良いと思います。

一方この頃、環境省及び環境行政は環境庁として創設された一九七一年以来最大と言っても良い激動期を迎えています。言うまでもないことですが、二〇一一年三月一一日に東日本を襲った空前絶後の大地震と津波、さらにその直後に福島第一原発がメルトダウンを起こした結果です。

この三・一一は日本が高度成長期に築きあげてきた価値観に根底から反省を迫るものでした。ある意味では、明治維新や太平洋戦争での敗戦に匹敵するような事象でした。それは環境行政にも大転換を迫るものでした。

第一に津波のがれき処理です。平時の廃棄物処理行政では到底対応できないものでした。つまり一般廃棄物を本来処理すべき市町村そのものが機能しなくなるところが続出したのです。今日でも広域処理は遅々として進んでいません。

第二に原発事故の衝撃です。原子力行政は原発廃棄物を含め原子力基本法の傘のもとにあり、環境行政は基本的にノータッチで、環境省設置法や環境基本法にも原子力災害を除く旨の規定がありました。しかし原子力行政はこうした過酷事故をそもそも想定しておらず、放射線に汚染された廃棄物の処理は超法規的に環境省が対応するしかありませんでした。そして事故処理や原発の安全規制にも環境省はかかわらざるを得なくなりました。

第三に、最大の地球環境問題である気候変動＝地球温暖化問題への影響です。日本の温室効果ガス削減対策は原発の推進・増設を前提としてきました。しかし、三・一一以降は増設どころか脱原発が云々されるようになります。二〇二〇年対九〇年比二五パーセントカットという鳩山内閣時の国際公約の達成不能は明らかで、ついにCOP17で定められた延長京都議定書には参加しないという道を選びました。

こうした空前絶後の環境行政激動期に、二人は相次いで環境省記者クラブに身を置いたのです。この二人のOBを呼ぼうという話が鎌田と久野で話し合われました。両君とも即座に賛成してくれ、二〇一二年七月四日、学部研究会主催の「環境記者、大いに吠える！」というイベントとして実現の運びとなったわけです。

ところで、研究会主催の講演会やシンポジウムはふつうは一コマ九〇分で行われますが、両君はぜひロングランでやりたいということで、場所を変えて実に第三部まで行いました。総合司会は日経新聞出身の小池先生にお願いし、絶妙の議事運営をしていただきました。

第一部は新聞記者が見た環境問題というテーマで三〇〇人の聴衆をまえに、吉良君には温暖化問題を、岩井君には三陸のがれき問題を講演してもらいました。

昼休みを挟んで第二部はパネル・ディスカッションが行われました。両君に、環境倫理と公共哲学という立場から鎌田が、環境庁に二九年身を置き「環境政策ウオッチャー」を自称する久野が加わりました。そして、小池教授とフロアも交えての多彩な議論がなされました。会場は二〇〇名ほどの聴衆でいっぱいでした。

第三部は事前予約制とし、マスコミ志望者など熱心な学生二〇名ほどと神戸三田キャンパスの第二厚生棟二階のロビーに場所を移し、新聞記者の私生活や新聞社の内幕を語ってもらうなどよりフランクな懇談交換がおこなわれました。

本書はこのうち第一部と第二部を記録したものです。読者に白熱した議論の雰囲気の一端でも味わってもらえれば幸いです。

なお、岩井君は昨年九月から被災地でもある岩手県に配置換えになりました。実に絶妙のタイミングで行われたイベントと言って良いでしょう。吉良君と岩井君のさらなる活躍を祈ってやみません。

目次

はじめに　久野武、鎌田康男（関西学院大学総合政策学部教授）

第1部　講演「環境記者が見た喫緊の政策課題とその裏側」――9

日本の地球温暖化政策の行方　吉良敦岐（読売新聞社　鎌田ゼミ一期生）
三陸のがれき処理をめぐって　岩井建樹（朝日新聞社　久野ゼミ五期生）
司会　小池洋次（関西学院大学総合政策学部教授）

第2部　シンポジウム「環境報道の在り方を問う」――55

パネリスト　吉良敦岐
岩井建樹
鎌田康男
久野　武
コーディネーター　小池洋次

あとがき　小池洋次

第1部

講演

「環境記者が見た喫緊の政策課題とその裏側」

日本の地球温暖化政策の行方　吉良敦岐（読売新聞社　鎌田ゼミ一期生）

三陸のがれき処理をめぐって　岩井建樹（朝日新聞社　久野ゼミ五期生）

司　会　小池洋次（関西学院大学総合政策学部教授）

小池　本日は環境問題や、環境報道について議論するプロジェクトです。第一部は、総合政策学部出身で、読売新聞と朝日新聞で環境問題を取材している記者のお二人に講演していただきます。まず読売新聞の吉良さんと朝日新聞の岩井さんを、指導された先生方からご紹介いただきたいと思います。

鎌田　吉良敦岐さんを紹介いたします。一期生、つまり総合政策学部が設立された一九九五年に入学、一九九九年に卒業されました。開設当初は一回生しかいないわけで、学生諸君と教員がゼロからどんな学部にしていこうかという、最初のスターティング・メンバーでした。当時、総合政策の理念を作った初期メンバーの中でも、吉良さんは特にアクティブな一人で、そのあたりにも環境記者としての吉良さんの全体像が垣間見られると思います。現在学んでいる皆さんが将来のイメージを考えるとき、良いヒントになればと期待します。

久野　岩井建樹さんは五期生のゼミ長でした。リサーチ・フェアでは「『風の谷のナウシカ』にみる環境の倫理」というテーマで発表して、審査員があっけにとられ、なんだかわからないけれど奨励賞をとった。卒論は「環境税の導入はなぜ難しいのか」で、その頃から政治に関心があったようです。卒業後、名古屋大学の大学院に進み、環境庁出身で、環境庁一のワーカホリックと言われた柳下さんのもとで厳しい指導を受けました。大晦日や元旦の夜中の二時、三

三陸のがれき
二〇一一年三月の地震と津波で大量に発生したがれきのこと。

時まで電話がかかってくるような、仏の久野とはまるっきり逆のパターンでしごかれて、朝日新聞に入ったのですけれど、当時は就職氷河期で苦労したようです。今日は三陸のがれきの話、あるいは第二部で環境報道の裏側の話を聞けるのではないかと期待しています。

日本の地球温暖化政策の行方

吉良　読売新聞の吉良と申します。僕は一期生なので、入学時はキャンパスに学生が四〇〇人ほどしかいませんでした。大学にいると、自分の友人がどこにいるか五分で探せてしまいます。探す場所は図書館か生協、そんな感じです。そこで「今日は夜どうしようか?」と考えていたら、皆が集まってくるので「飯、食いに行こうよ」とか、「今から野球しようよ」と言う。そんな小さい学部でした。

「なぜ関西学院大学の総合政策学部を選んだのか?」とよく聞かれるのですが、実家が神戸市垂水区にあり、関西学院大学が近かったのです。毎日バイクで一時間ぐらいかけて通学していました。まずは関西学院大学を受験しようと思い、文系学部を全部受けて、総合政策学部が受かったからそれで選んだ。環

地球温暖化
温室効果ガスの人為的な増加により気温が上昇する現象をいう。代表的な地球環境問題になっている。

エール大学
米国で三番目に古い名門大学。イェール大学ともいう。

境政策をやりたかったから、ここの学部を選んだわけでもない。ただ、入学後一番初めに気づかされたのは、総合政策学部という名前ですが、なぜ「総合政策」という言葉が必要になったのかを考えてみると、やはりそこには環境政策の存在があったのだ、ということです。

当時、一九九〇年代前半ですが、世界的に見て地球環境問題が非常に大きな問題になってきていました。どうやってこの問題を解決するのだという時に、総合政策的視点とは、「一つだけの考え方では無理なのではないか」ということです。「経済学的にこんな手法をとれば解決できます。バラ色の未来になります」というわけにいかない。さまざまな手法で複合的に考えないといけないわけです。そのあたりを、これから説明します。

一番初めに、皆さんに尋ねてみたいのですが、この中に地球温暖化で気候変動が実際に起きていると思っている人は、手を挙げてください。七割ぐらいですかね。僕もいろいろ調べたのですが、二〇一一年にアメリカのエール大学で、地球温暖化の原因による気候変動を「現実に起こっていること」と考えるアメリカ国民の数を調べたところ、約五七パーセントしかいなかった。つまり半分ぐらいの人は「地球温暖化で気候変動は起きていない」もしくは「そもそも地球温暖化が起きていない」と思っているのです。僕が学生の時の感覚からすると、かなりの揺り戻しがある。僕が学生の時はみんな「地球温暖化は絶対に起きている」と思っていたのですが、かなり状況が変わってきているのではないかと感じさせられました。

今、アメリカで大統領選をやっていますが、共和党の候補者は「地球温暖化対策は経済の成長の妨げになっている」とか、「科学者が気象のデータに手を加えた結果で、地球温暖化は嘘だ」と公の場で発言しています。日本ではあまりそういう発言を聞きませんが、アメリカではそういうことが普通にあります。たとえば、リック・ペリーという候補者がいますが、その人が州知事を務めるテキサスでは干ばつ被害が広がり、「お祈りの時間」を設けました。雨が降るようにみんなでお祈りをする時間なのですね。その一方で、「地球温暖化による気候変動はない」と発言している。この二つをどういうふうに整合性をとるのだろうと思います。

この教室では七割ぐらいの人が「温暖化による気候変動がある」と考えているようですが、これは必ずしも世界の常識ではない。特にアメリカでは半分ぐらいの人しか信じていない。日本の常識は世界の常識ではないかもしれない。それをまず念頭に置いてもらいたいと思います。

大統領選
オバマ大統領が再選された二〇一二年の選挙のこと。

リック・ペリー（一九五〇〜）
テキサス州知事。共和党所属。

水俣病
水俣市のチッソ水俣工場の有機水銀廃液が引き起こした悲惨な公害病。

イタイイタイ病
岐阜県神岡市の三井金属神岡鉱山からの未処理排水中のカドミウムが原因とされる公害病。

四日市喘息
四日市のコンビナートを形成する工場からの亜硫酸ガスにより喘息患者が急増した。

環境問題と国際条約

吉良　まず、環境問題と国際条約について説明します。おそらく世の中では「環境問題」という言葉よりも、「公害」という言葉のほうが早くから使われてきたのではないでしょうか。「公害」といえば、四大公害病と呼ばれる水俣病、イタイイタイ病、四日市喘息、第二水俣病ですね。これらの公害について、全国で訴訟が起きたり、住民から国に陳情があったりしました。ただし、この四大公害病は、地域に限定された問題です。四日市喘息であれば、四日市の工場からモクモクと煙が出て、四日市の人が喘息になるという話ですね。水俣病も、チッソ水俣工場がメチル水銀を含む廃液を流し、水俣の人が水銀中毒になった。このように比較的限られた地域での問題だったのです。

四大公害病は一九五〇～六〇年頃の高度経済成長期に発生します。医者が保健所に「原因不明の脳症状のある患者が入院している」と通報した時を公式確認と言いますが、水俣病の公式確認が一九五六年です。しかし、国はチッソ水俣工場の廃液が原因だとはなかなか認めない。結局、一九五六年から六八年までの一二年間、国側は水俣病を公害とは認めず、チッソ水俣工場の廃液は止まらなかった。その間に水俣病は拡大してしまったわけです。実は昨日も、僕と岩井君が環境省の記者クラブにいると、水俣病の患者や被害者の方々が来て「水俣病はまだ解決していない」とおっしゃるわけです。公式確認からかれこれ五〇年以上が経っている。それでも、一二年間の対応の誤りを五〇年後の今でも引きずっています。

一九六八年はちょうどイタイイタイ病が公害病として認められた年でもあります。原因はカドミウムという重金属で、摂取すると簡単に骨が折れてしまう病気です。では、イタイイタイ病はどうなったのでしょう。今年三月の日経新聞に「カドミウムに汚染された農地の土を入れ替える作業がようやく終わった」という記事が出ていました。それを読んで「また一つ区切りがついたな」と思いましたが、水俣病と同じようにすごく時間がかかっています。四大公害病は地域に限定された話でありながら、対応の遅れのせいで一定の解決までに非常に時間がかかってしまったのだと、僕の頭の中で整理をつけています。

この後、環境問題は地域に限定されない問題に拡大していきました。「受益者と受苦者の分化」が発生しはじめたのです。これはどういうことでしょうか。公害のように限定された地域ではなくて、より広い地域の問題になっていきます。「利益を得る人」と「苦痛を感じる人」が分化する。つまり、両者が地域的・空間的に分かれてきたのです。たとえば、川が流れているとします。

第二水俣病
新潟県阿賀野川に放流した昭和電工からの有機水銀廃液により起きた公害病。

日経新聞
日本経済新聞の略称。全国紙の一つ。

『環境社会学のすすめ』
一九九五年丸善ライブラリー発行。著者は飯島伸子。

飯島伸子（一九三八〜二〇〇一）
東京都立大学文学部教授。社会環境学会会長等を歴任。

鳥越皓之（一九四四〜）
環境社会学者。生活環境主義を提唱。現・早稲田大学人間科学学術院教授。

ストックホルム会議
一九七二年に開催された国連人間環境会議の略称。世界初の大規模な環境問題の政府間会合。キャッチフレーズはかけがえのない地球（Only One Earth）。一一三か国が参加し、これを契機に国連環境計画（ＵＮＥＰ）が設立された。

上流で汚染物質を流すと、下流が影響を受ける。上流の人たちは工場で雇用されて生活できるので、どんどん排出したいのですが、下流の人は環境汚染で苦しめられる。「利益を得る人」と「痛みを感じる人」が分化する。しかもこの距離感がどんどん広がってしまった。これについては丸善ライブラリーから飯島伸子さんが出版した『環境社会学のすすめ』が詳しく、僕も学生の時に読みました。また、当時は環境社会学者の鳥越皓之さんが社会学部から講義に来られていて、授業でこの分化についてご説明いただいたことを今も覚えています。

水俣病などの局所的な公害から、地域が広がり、国際的な規模にまでなった時に何が起きたのでしょうか。一つの転機となるのが一九七二年の「ストックホルム人間環境会議」です。そろそろ国際的に話し合わないといけないということになり、その最初の機会が「ストックホルム人間環境会議」だったわけです。一九七二年という末尾の「二」という数字は、環境にとって注目すべきことが起きる年なので、覚えておいても良いのではないかなと思っています。

この会議では先進国と途上国という二つの立場が対立して、先進国は「もう環境がずいぶんと破壊されているのではないか。したがって、保全を進めなければならない」と途上国に言うわけです。ところが、途上国は「これまで環境を破壊してきたのは先進国だ。その結果、先進国は経済発展を果たしてきたの

京都議定書
一九九七年、京都で開催されたCOP3で定められた議定書。二〇〇五年に発効。

名古屋議定書
生物多様性条約に基づく遺伝資源のアクセスと利益の公正かつ衡平な配分に関する議定書。二〇一〇年、名古屋で開催されたCOP10で採択された。現在未発効。

生物多様性
生物の多様性を生態系、種、遺伝子の三つのレベルでとらえ、多様性の保全、多様性構成要素の持続可能な利用、遺伝資源の利用から生ずる利益の公平かつ衡平な分配を目指す条約。

に、私たちには発展をしてはいけないというのか」と反論する。画期的な会議でしたが、事実上は決裂だったという声もあります。ただ、初めて環境をテーマに国際会議が開かれたという意味で、非常に大きいタイミングだったのです。「人間環境会議」という名前も変ですね。「人間」とは何なのだと。初めは「環境会議」にしようとしましたが、それでは途上国の経済発展を抑えるように捉えられ、途上国側から「我々の開発に制限が加えられるのではないか」という意見が出たため、「人間」という言葉を付け加えたとされています。

次は「枠組み条約」と「議定書」という話題です。国際的な約束ごとに「条約」があることはご存じですね。その一方で、環境の分野を勉強された方はわかると思いますが、「議定書」という言葉もある。条約と議定書とはいったい何か。「京都議定書」を知っている人、手を挙げてください。ほとんどの方が知っていますね。それでは、「名古屋議定書」を知っている人は？　こちらは一割ぐらいですね。名古屋議定書は生物多様性に関する議定書です。

ここで、条約と議定書は何が違うのか、頭に入れておきましょう。国際的に規制を進めようとしても、各国の利害が対立して議論はまとまりにくい。であれば、まず「枠組み条約」を作って、ふんわりと各国で合意を形成するわけです。そこから「実際にどれだけ削減するか」「この物質を使ってはいけません」

長距離越境大気汚染条約
越境大気汚染にかかる国際条約。一九七九年採択、一九八三年発効。日本は未加盟。

硫黄酸化物・窒素酸化物
代表的なガス状の酸性大気汚染物質。化石燃料の燃焼により発生。

シュヴァルツヴァルト（黒い森）
ドイツ南部フランス国境近くに広がる森林地。モミの木が黒く見えるためにこの名がついたといわれる。

ヘルシンキ議定書
長距離越境大気汚染条約に基づく、硫黄酸化物排出削減に関する議定書。一九八五年採択、一九八七年に発効。

「この物質は生産を停止しましょう」と、「議定書」で厳格に絞り込むのです。ふんわり包む「条約」と、厳しく絞る「議定書」、この二つをうまく使い分けていくことで、二〇〇〇年頃までの環境に関する国際交渉は成果をあげてきました。

いくつか事例を挙げましょう。「長距離越境大気汚染条約」は、条約プラス議定書という二つのプロセスを踏んだ成功事例の一つだと思います。これは硫黄酸化物と窒素酸化物などの規制です。硫黄酸化物と窒素酸化物が原因で、酸性雨が生じているのです。「酸性雨」という言葉を聞いたことがある人は手を挙げてください。だいたい聞いたことがありますね。僕が中学校・高校の時は、環境問題といえば酸性雨でした。たとえば、ドイツのシュヴァルツヴァルトの森が枯れてしまう。これは雨が酸性になっていることが原因ではないか。しかし、ドイツだけでは対応がとれないので、多国間で条約を作って汚染物質の排出を減らす必要がある。そこで条約を結び、議定書で「こうしてくださ い」「何パーセント削減してください」と定めていくわけです。なお、ヘルシンキ議定書が硫黄酸化物、ソフィア議定書が窒素酸化物を規制の対象としています。

次はウィーン条約とモントリオール議定書のセットですが、これは何を指し

ソフィア議定書
長距離越境大気汚染条約に基づく、窒素酸化物排出削減に関する議定書。一九八八年採択、一九九一年に発効。

ウィーン条約
オゾン層の保護に関する国際的な対策の枠組みに関する条約。一九八五年採択。一九八八年発効。

モントリオール議定書
ウィーン条約に基づくオゾン層破壊物質の規制に関する議定書。一九八七年採択、一九八九年発効。

フロンガス
炭素、水素のほか、塩素、フッ素を含む化合物の総称。クロロフルオロカーボンの略。オゾン層破壊物質として知られる。

ているかわかる方いますか？　フロンガスの規制ですね。これも僕が中学・高校の時に「オゾンホールが南極にできた」「オーストラリアの人は日中ずっと戸外にいると皮膚ガンになってしまうかもしれない」という話が出ていました。当時、科学系雑誌の『ニュートン』や『ウータン』を読むと、そんなことが書かれていましたね。これもウィーン条約という枠組み条約を作って、議定書で「何年までにフロンガスを廃止して、代替フロンにする」と決めたのです。これも非常に効果をあげて、現在、科学者の間では、オゾン層は回復してはいないが、ほぼ横ばい状態だと言われているようです。それでも、南極のオゾンホールは今世紀の末まで拡大し続けるとも言われています。しかし、とりあえず横ばいになったわけで、止めたという実績があります。

気候変動枠組み条約

吉良　こうして環境問題については、条約・議定書方式で国際交渉を進めていこうというコンセンサスができました。一九九二年には気候変動枠組み条約ができます。この条約は、これから僕がお話ししようとしている温室効果ガスの問題、地球温暖化の問題にダイレクトにかかわってきます。気候変動枠組み条約

気候変動枠組み条約
大気中の温室効果ガス濃度の安定化を目標とし、地球温暖化などの人為的な気候変動がもたらす各種の悪影響を防止するための国際的な枠組みを定めた条約。一九九二年採択、一九九四年発効。

温室効果ガス
地表から放射された赤外線の一部を吸収する気体で、温室効果をもたらす。京都議定書での削減対象としている温室効果ガスは二酸化炭素、メタンなどの六種類がある。

COP3
気候変動条約枠組み条約の第三回加盟国会議のこと。一九九七年に京都で開催され、京都議定書が定められた。

とは「皆で温室効果ガスを削減しましょう」という条約です。温室効果ガスの種類はいろいろあるのですが、大方は二酸化炭素だと思ってください。減らすこと自体を合意したうえで、実際に何パーセント削減するのかと、しっかりしたルールを作ったのが、一九九七年の京都議定書です。

この京都議定書ができたCOP3の時、僕は総合政策学部の学生でした。何かよくわからないけど「みんな京都に行くんだ」という感じで、学内に環境団体のようなサークルもありました。「ここで若者が行動をとらなければならない」と学内が盛り上がっている感じです。実は、僕はそういう動きを少し斜めに見ていて、正直、乗り切れないようなところがあったのですが、当時学内にはそんな流れがあったのです。

それでは、地球温暖化問題、特に気候変動枠組み条約と京都議定書について説明していきます。「地球サミット」が一九九二年に開催されます。この会議は「環境に関する国際会議の中でも、最も重要でかつ大規模だった」と誰しもが言うと思います。

「地球サミット」という言葉を聞いたことがある人は手を挙げてください。六、七割ぐらいですね。一九九二年なので、僕が大学に入学する前です。この会議には、国連に加盟するほとんどの国が参加しました。

地球サミット
一九九二年にブラジルのリオデジャネイロで開催された「環境と開発のための国連会議」。持続可能な開発のためのリオ宣言がなされた。

冷戦
米国をはじめとする西側諸国と旧ソ連を盟主とする東側陣営との長期にわたる非和解的な対立のことを冷戦という。一九九〇年前後、東側諸国の自壊により終結した。

皆さんに理解していただきたいのは、当時、国際的には「地球のことを考えよう」という言葉はなかなか出てこなかったことです。なぜ「地球のことを考えよう」とか「Save the earth」といった言葉が出てこなかったのでしょうか。原因は、明らかに冷戦です。一九八九年にベルリンの壁が、一九九一年にソ連が崩壊するまで、東側諸国と西側諸国の対立で国際社会が動いていた。映画の「ロッキー」ではアメリカのボクサーがソ連のボクサーに勝つ。そんなプロパガンダ映画があったように、アメリカとソ連の対立がずっと続いていました。ところが、ソ連が崩壊することで、地球全体で話し合う土壌ができました。

東西冷戦の終結を機に、地球全体が空間的につながることができた。これが地球サミットのタイミングだったわけです。総合政策学部は一九九五年に開学しましたが、一九九二年の地球サミットなどの歴史を背負ってできたと、僕は考えています。だから環境が必修科目になり、環境を考えることが国際を考えることでもあるという流れになっていたと思います。

三つ子の条約と二つの原則

吉良　地球サミットでいったい何が決まったのか？　なぜこれが画期的な会議

砂漠化対処条約
砂漠化の防止と干ばつの影響緩和のための国際条約。一九九四年採択、一九九六年発効。

だったのか？　「三つ子の条約」と通称されていますが、一つは気候変動枠組み条約で「二酸化炭素などの温室効果ガスを減らしていこう」という条約。二つ目が生物多様性条約で「生物の多様性を守ろう。単一になると生態系が崩壊してしまいますよ」という条約。もう一つは、少しマイナーですが、砂漠化対処条約で「砂漠化を止めましょう」という条約。この三つを指して「三つ子の条約」と言われています。大きく報道されたのは気候変動枠組み条約と生物多様性条約です。条約の会議をＣＯＰと言いますが、「カンファレンス・オブ・ザ・パーティーズ（Conference of the Parties）」のことで、条約の締約国、つまり「条約に入ります」と宣言した国が集まる会議です。気候変動はＣＯＰ17ですから、すでに一七回も会議をやっています。温暖化のＣＯＰは毎年末に行うことが決まっていて、二〇一一年は南アフリカのダーバン、二〇一二年はカタールのドーハです。生物多様性は二年に一回で、今年は一〇月にインドのハイデラバードで開かれることになっています。これが地球サミットの三つの成果と言われています。

この地球サミットの中で合意され、その後の二〇年間の議論で効いてくるものに、二つの原則があります。まずは「共通だが差異ある責任原則」です。「温暖化を防がなければならない。その責任はすべての国々が負っている。け

予防原則
欧米を中心に取り入れられている環境政策の概念。人の健康や環境に重大かつ不可逆的な影響を及ぼすおそれのある場合、科学的な因果関係が十分に証明されていない段階でも、規制を可能にする考え方や制度。

れども、責任の『度合い』には差がある」というわけです。たとえば、「アメリカなどの先進国は化石燃料を大量に使ってきたのだから、責任は重大だ。だから、温室効果ガス削減は率先して実行してください」ということになります。一方、アフリカなどの発展途上国は、「それほど発展していないし、化石燃料もあまり使っていない。温暖化の責任はそれほど大きくないのではないか」ということです。つまり「まず先進国が率先して実行してください」という原則が、地球サミットのリオ宣言で盛り込まれました。

もう一つが「予防原則」です。温暖化は人間活動によるものか完全に証明されてはいない。しかし、だからといって対策を取らず、どんどん排出を続けたら取り返しのつかないことになる。だから「予防しないといけない」。想定される危険性にある程度の確実性があるのであれば、まず止めないといけないではないかという原則です。

予防原則がいかに大切か。たとえば、水俣病が当てはまりますね。公式確認が一九五六年で、その段階で「ちょっと変なんじゃないか」という話が出ていたわけです。しかし、国やチッソは「それは断定されたわけではない。うちの責任だと一〇〇パーセント決まったわけではない。そのような状態で、どうして対策を取らないといけないのか」と言って、対応が遅れたせいで被害が拡大した。

だから、少しでも危険性があれば止めないといけない、これが予防原則です。この原則を当てはめれば、「地球温暖化の原因が温室効果ガスではない」と言う方もいますが、その可能性がかなりある場合は、やはり温室効果ガスを減らしていかないといけないのでは、という議論になるでしょう。

COPの概要

吉良　地球温暖化のCOPの概要をざっと説明します。一九九七年に京都議定書が採択されます。「共通だが差異ある責任」のもとに、先進国だけに温暖化ガスの削減義務が課せられます。主な国の削減目標は、EUが八パーセント、米国が七パーセント、日本が六パーセントの削減です。ところが途中で米国がドロップ・アウトしたので、実際はEUと日本にしか義務がかかっていない。削減期間は二〇〇八年から二〇一二年で、今年はちょうど削減期間です。これは第一約束期間と言います。京都議定書は法的拘束力があるので、破ると罰則があります。まずは削減できなかった分を、他の国から排出枠として買って埋め合わせをする。それでも達成できない場合は、次の約束期間にあたる

アメリカがドロップ・アウト
京都会議の直後の大統領選でブッシュが就任し、国益に反するとして京都議定書から離脱した。

モントリオールの会議
二〇〇五年に開催された気候変動枠組み条約第11回締結国会議（ＣＯＰ11）のこと。

コペンハーゲン合意
二〇〇九年のＣＯＰ15で承認された取り決め。ただし合意ではなく留意するとされた。

カンクン合意
二〇一〇年、メキシコのカンクンで開催されたＣＯＰ16での合意のこと。将来の温室効果ガスの大幅排出削減を共有のビジョンとする前提のもので、各国の削減策の報告と検証のルール化などを決めている。

二〇一二年以降には、達成できなかった量の一・三倍の削減をしなければならないという責任が生じます。ただ、この枠組みが二〇一二年以降どうなるのかはまったく決まっていません。その話し合いが始まったのが二〇〇五年のモントリオールでの会議です。ここから次期枠組みの交渉がスタートし、それ以降、今までずっと交渉を続けているわけです。

一つの区切りが二〇〇九年のコペンハーゲン会議でした。この会議までに京都議定書のあと、二〇一二年以降に温室効果ガスをどう削減するかを決めないといけなかったのです。ところが、うまく決められなかった。国連はすべての締約国が「それで良い」と言わないと物事が決まらない「全会一致方式」です。多数決ではないので、各国間で合意ができず、「国連の意思決定方式ではダメなのではないか」という声もあがりました。ボリビアやベネズエラ、キューバなどが「合意文書作成のプロセスが不透明」として反対したため、合意文書案が採択できず、「留意」にとどまった。「留意」は英語では「テイク・ノート」という言葉を使いますが、「記憶に留めておいてください」というレベルの話でしかなく、ここで国連での気候変動交渉がデッドロックに乗り上げてしまいました。

二〇一〇年のカンクン合意では、「留意」にとどまったコペンハーゲン合意を正式に決定しますが、ここでも最後の採択の段階でボリビアが反対しました。ただ、今回は議長が強引に議論を進めました。「一カ国が反対しても、世界がこれだけの努力をしてまとめたものを拒否することは許されない」と、強引に採決してしまったわけです。国連ルールの解釈を、ここで多少変えてしまったのです。

どうして温暖化交渉が進まないのか?

吉良 話の本筋として、「どうして温暖化交渉が進まないのか?」を考えましょう。これまでのフロンなどの場合と違って、究極のところ二酸化炭素の排出を防ぐということは、人間に対して「呼吸するな」ということにつながります。産業には電気や燃料が必要ですが、それを使うと二酸化炭素が排出されるので、突き詰めれば「産業活動を抑制せよ」と言っていることになります。化石燃料を燃やさなければ車は走りません。経済活動に直結するので、そう簡単に二酸化炭素の排出は止められません。フロンガスなら「代替フロンに替えよう」、窒素酸化物・硫黄酸化物ならば「フィルターをつけよう」ということで防げるのですが、二酸化炭素はフィルターをつけても防ぎようがない。だか

フロン・代替フロン
炭素、水素、塩素、フッ素よりなる化合物をCFC類と呼び、特定フロンと総称される。特定フロンはオゾン層破壊能を有している。一方、破壊能を有していない類似の化合物を代替フロンと呼び、HCFC類とHFCに大別される。

ら、どう削減するかが非常に難しいのです。

現在の二酸化炭素の排出量は、先進国ではアメリカが一八パーセント、EUが一二パーセント、日本は四パーセントぐらいです。京都議定書ができた時は、日米欧などの先進国がカバーしていた排出量は五八パーセントでした。ところが、この五八パーセントの半分を占めていたアメリカが議定書を批准せず、逃げてしまった。次に五八パーセントに含まれていなかった中国で経済発展が進み、最も二酸化炭素を排出する国になってしまう。このように京都議定書を作った時とは世界のパワーバランスが変わってしまいました。中国の現在の二酸化炭素排出量は、世界の排出量の二四パーセントを占めています。

さらに、二〇一二年に京都議定書の第一約束期間が終わった後、議定書を延長するかどうかという議論の中で、日本やロシアも「議定書に基づく新たな削減目標は掲げない」と宣言しました。京都議定書は当初、世界の排出量の五八パーセントをカバーしていましたが、こうなるとカバーできる排出量は一五パーセント程度まで減ってしまいます。日本は「もう京都議定書をやらない」と言ってしまったわけです。日本は一九九七年当時、京都議定書を作るために大きな貢献をしましたが、今は「やっぱり辞めます」と言っているわけですね。日本の言い分は、「中国の排出量が圧倒的に多いではないか。中国がなぜ削減義務を負わないのか？　アメリカも排出量は二位なのに削減義務がない。インドも三位なのにやらないと言っている。だから、日本も京都議定書では削減義務を負いません。京都議定書にこだわるのではなくて、全ての国が参加して削減を進められる新たな枠組みをつくりましょう」というものです。こうした日本の姿勢については、環境NGOから批判があります。日本が京都議定書から離脱したら、皆でやろうという気力が失われ、温暖化交渉が進まなくなると、今、そんな感じになっています。

もう一つ、物事を考える時に「トップダウンか、ボトムアップか？」ということがあります。京都議定書はトップダウンで決めています。まず「何パーセントを削減しましょう」と決めたうえで、法的な罰則を設けて「それを守ってください」としている。これはかなり強い規制です。この方法が徐々に難しくなってきて、多くの国が嫌がっているのが現状です。それに代わる新しい方法として、通称「プレッジ・アンド・レビュー（pledge and review）」というものがあります。まず、各国が「これだけ削減します」と約束、宣言する。それがどれだけできているか、皆でレビューしてチェックする。これがボトムアップ式ですね。各国でできる範囲をまず宣言して、それから削減を進めていく。

この二つの手法のうち、どちらかといえば、トップダウン式はかなり厳しく

WTO
世界貿易機関の略称。自由貿易促進のための国際機関。スイスのジュネーブに常設事務局。

FTA
二国間での自由貿易協定のこと。

なっているのが事実です。かといって、ボトムアップ式で本当に温暖化を食い止めるほど削減ができるのかという疑問は残ります。実際、国連の報告書でも二酸化炭素の削減をボトムアップ式で進めると、温暖化はかなり進んでしまうということが明らかになっています。

もう一つ、国際交渉を多国間の「マルチ」で行うのか、二国間の「バイ」で行うのかという問題もあります。国連という多国間で交渉してルールを決め、各国が国連のルールに則って行うのが「マルチ」です。もう一つの「バイ」は、まず二国間で協定を結び、それを国連で承認してしまう。今、国際社会ではマルチを優先するのか、二国間を優先するのかについて、さまざまな対立が発生しています。これは地球環境問題だけではなくて、すべてに言えることです。たとえば、国際貿易でもWTOなどのマルチの議論、すべてに通用するルールを作りましょうという議論はなかなか進まない。それでどうなったかというと、通称FTAですが、二国間で合意を作って、貿易を進めてしまう。二国間のつながりが増えていく中で、世界全体を包んでいくという世界観です。どちらかといえば、こちらのほうが動くのではないかということで、話がバイのほうに進みつつありますね。

最後に個人的な意見です。日本が京都議定書から離脱することについて、環境NGOなどから非常に強い批判があります。読売新聞は「離脱すべきだ」と書いていますが、朝日新聞は離脱に極めて慎重な姿勢を見せています。僕自身は「京都議定書の枠組みからは、もう離脱するしかない」と思っています。なぜなら、現状の温室効果ガス排出量を考えると、現在京都議定書に参加している国がカバーしている割合は極めて限られており、議定書は完全に形骸化していると思うからです。アメリカや中国が参加しない温室効果ガス削減の枠組みは、地球温暖化を止めるためには機能しないと考えています。その点は、日本政府の主張とまったく同じ考え方です。

ここで留意してもらいたいのは、「京都議定書に意味がなかった」とまでは思っていないことです。京都議定書が誕生したことにより、国内で温室効果ガスを削減しなければならないという機運が高まり、実際に削減が進んだ面もあります。しかし、今、形骸化した京都議定書に戻ることは、復古主義というか、「古いものが良かった」「古いものに戻れば良い方向に向かう」と懐かしむだけではないか。僕はそんな感じがしています。

もちろん「何もしなくても良い」という意味ではなくて、「京都議定書を越えるような、もっと効果的な枠組みを作ろうではないか」ということが重要だと思っています。京都議定書を守ること自体が環境的であると考えるべきかと

記者クラブ
省庁など、大きな取材対象機関のなかに出入りする大手メデイアの記者たちが設けたクラブで取材対象機関から提供される記者室のことを指す。取材対象機関から便宜が図られている、排他的であるなどの批判がよくある。

いうと、実はそうではない。僕は、世界の温暖化削減の仕組みを、新しく構築し直すことが重要だと思っています。このあたりは、第二部で久野先生や岩井君をまじえて議論することになります。

小池　ありがとうございました。次に、環境の問題を考える場合、昨年の三・一一、東日本大震災の問題を避けて通れないわけですが、そのがれきの問題を中心に、岩井さんに話していただこうと思います。

三陸のがれき処理をめぐって

岩井　朝日新聞の岩井と申します。朝日新聞の環境省記者クラブを担当していまして、私も吉良さんも、ふだんは会社にまったく出社しません。霞ヶ関の環境省には、（よく批判もされますが）記者クラブという場所があり、そこで細野大臣を取材したり、環境省の職員の方に取材したりしています。先ほど久野先生から、僕はもともと環境問題に関心があって、目的意識をもって新聞記者になったかのような紹介を受けました。しかし、関西学院大学に入った理由も結構いい加減で、二科目受験だったので、国語と英語ならそんなに勉強しなくても良いなと思って入りました。大学院に進んだのも、四年で社会人になるの

細野大臣
細野豪志（一九七一〜）。民主党選出の衆議院議員。野田政権下で、第一七代環境大臣および特命担当大臣（原子力損害賠償支援機構担当）などを務めた（二〇一一〜二〇一二年）。二〇一二年の政権交代で閣僚を退任。

は僕にはまだ想像がつかなかった。大人になりきれておらず、モラトリアム的な意味合いも多少あって大学院に進み、新聞記者になったのも消去法に近いのです。文系の職種には営業職やマーケティングがあると思うのですが、物を売ることに興味がなく、どちらかといえば社会問題にかかわっていたいと思い、公務員か新聞記者になろうと考えました。それで公務員の過去問を見たら難しかったのでやめようと、消去法でやってきたところが正直あります。それでは、本題に入ります。

三・一一東日本大震災でがれきが大量に発生したというニュースは聞いていると思います。では、「がれき問題」とはどのようなものか。震災後、細野大臣ががれきの前で、「処理を一生懸命進めたい」と表明します。「広域処理」という言葉を聞いたことがあるでしょうか。宮城とか岩手だけでは処理しきれないので、他の県にがれきを運んで処理することを「広域処理」と表現します。今、環境省はその広域処理を懸命に進めようとしています。細野大臣が「広域処理にぜひとも協力してください」とアピールしています。被災地の方の話を聞けば、多くの人は心情的に「がれきが早くなくなればいいな」「協力したいな」と思うのですが、実際には、広域処理はまったく進みません。それはなぜかということを考えてみたいと思います。

がれきとは一言でいうと、津波で壊された倒壊家屋だったり、畳だったり、服ですね。あとは草や木、津波で流されてきた土砂です。コンクリート、家具、電化製品……。被災地の方々のもともと生活の中にあったものが、津波によってゴミになっているのです。宮城県で一一五〇万トン発生して、これはだいたい一般ゴミの一四年分といわれています。岩手県が五三〇万トン、これで一般ゴミの一二年分です。大量に出たので、通常のペースで燃やしていたら時間がかかってしまう。今、どれぐらい終わったのでしょうか。二〇一二年六月二二日現在で、処理完了は三二九万トン。福島も入れて一七・五パーセントぐらい。一年半弱たって、一七・五パーセントです。

「阪神大震災と比べて、東日本大震災では処理が遅れている」とよく批判を受けますが、阪神大震災とはまったく違います。まず地理的な要件です。阪神大震災は地理的に局所的な部分で起こりましたが、東日本大震災は非常に範囲が広いのです。一番大きな違いは、阪神大震災は都市で起きたのでコンクリートくずが多かったことです。コンクリートは再利用しやすい。もともと震災が起こる前から港湾の埋め立てを計画していたので、地震で生じたコンクリートくずを資材として使ったので処理が早かったのです。結果的にそういう状況になりました。ですから、阪神大震災と東日本大震災を単純に比較して、東日本

阪神大震災
一九九五年一月に兵庫県南部で起きたマグニチュード七・三の大震災。死者は六千人を越した。

大震災の処理が遅いと批判するのはやや違うという気がします。

広域処理、県外処理の必要性ですが、被災地での処理能力の限界があります。大量に出たので処理ができない。環境省は、復興・復旧の大前提として、がれきがあるといつまでも復旧できないとしています。また、被災者の方ががれきを見ると精神的につらいということ。そして、火災の恐れがあることです。国の処理完了目標は二〇一四年三月末です。この二〇一四年三月末というのは、阪神大震災の時は三年で処理が終ったことからきています。

広域処理の経緯ですが、震災直後、全国四二都道府県の五七二市町村が広域処理に協力しますと手を挙げました。しかしその後、東京や首都圏で焼却灰、ゴミを焼却した後に出る灰で、放射性物質が濃縮され、高濃度の放射性物質が出ました。それを契機にがれきが放射能に汚染されているという不安が高まり、消極姿勢に転ずる自治体が相次ぎました。そんな中で、一一月に東京都が受け入れを始めます。石原知事は二〇一四年三月までに五〇万トン受け入れると言います。これに対して東京都に放射能を心配する声が殺到して、何千件という苦情がきたと言われています。

一一月に環境省が検討状況を再調査しました。すると、前回は四二都道府県五七二市町村が協力するとしていたのが、激減して、一一都道府県五四市町村

石原知事
石原慎太郎（一九三二〜）。一九九九年より東京都知事。四選されたが、二〇一二年突然知事を辞任。日本維新の会の代表に就任する。

黒岩知事
黒岩裕治（一九五四〜）。二〇一一年より神奈川県知事。無所属。

が広域処理を考えていると回答します。一二月には神奈川県が受け入れを表明します。神奈川県は、黒岩知事が非常に前向きに取り組んでいたのですが、結局、「放射性物質で健康被害があったらどうするのだ」という、最終処分場周辺の住民の反発にあい、計画が頓挫してしまいました。神奈川県は今もぜひ受け入れたいとしているのですが、なかなかうまくいかないようです。細野大臣は静岡選出で、静岡県に強く働きかけていた経緯もあり、三月に島田市ががれきの受け入れを正式に表明します。島田市はお茶の産地で、風評被害を心配する声があるなか、市長が決断をしたわけです。

広域処理が進まないので、三月に野田総理が全国の都道府県に協力を要請します。総理がこうした文書を送るのはかなり異例のことで、やはり首相の要請の意味は非常に大きいようです。あともう一点、受け入れた自治体には財政負担がかからないように、策を講じるとしています。環境省は広報を強化して、読売新聞の記事によれば、博報堂に委託して広報戦略を練ったと言われています。ホームページも非常にわかりやすく作っています。新聞広告やテレビＣＭも出しています。「こんなことにお金を使うなんて」という批判もありますが。

他にも、細野環境相が全国を行脚して、「広域処理に協力してください」と街頭に立って演説しました。僕も何回か見に行きましたが、反対する住民に囲まれて、罵声、怒声の嵐で、反対する人のPRの場所を作ってしまっただけではないかとも思いました。大臣としては、自分が先頭に立つ姿をとにかく見せたい、それを報道してもらいたいという思惑もあったのでしょう。全国各地で街頭演説をしました。そんなことや、放射性物質のリスクの問題とかいろいろありますが、不安感も多少落ち着いてきたところもあるのか、受け入れ自治体が徐々に増加してきている現状ではあります。

がれきは本当に安全か？

岩井　一番議論になっている点ですが、「がれきは本当に安全か？」が一番不安視されるところです。環境省は一キログラムあたり八〇〇〇ベクレル以下の焼却灰ならば、通常のゴミと同様に安全に埋め立てられるとしています。この「八〇〇〇ベクレル」は非常によく出てくる数値で、頭の片隅に入れておいてください。この根拠となるのは、埋め立て作業をする現場の作業員が八〇〇〇ベクレル以下の灰を扱ったとしても、被爆量は年間一ミリシーベルト以下に収まるというものです。また、これはありえない設定ですが、灰を埋めた地点からわずか二メートル離れたところに一般の人が屋内で暮らしても、年間の追加

ベクレル
放射性物質が放射線を出す能力の単位。

シーベルト

放射線被曝による生物学的影響をあらわす単位。二シーベルトの放射線を浴びると五パーセントの人が、四シーベルトでは五〇パーセントの人が死亡すると言われている。

バグフィルター

濾過式集塵装置のこと。織布や不織布によって、排出ガスなどに含まれるダストを取り除く装置。

被曝量は〇・〇一ミリシーベルト以下で収まるというのです。国際放射線防護委員会（ＩＣＲＰ）が、一般人が人工的に浴びる放射線量の限度として、年一ミリシーベルト以下までは許容されるとしています。〇・〇一ミリシーベルト以下なら、その一〇〇分の一なので安全であろうという主張です。

それでは、焼いたら八〇〇〇ベクレルを超える心配はないのでしょうか。灰への濃縮率を逆算すると、放射性物質が十何倍から三〇倍ぐらいに濃縮されると言われています。それから計算すると、二四〇～四八〇ベクレルの汚染程度であったら、灰になっても八〇〇〇ベクレルは超えないと言われています。岩手・宮城のがれきの多くは一〇〇ベクレル以下で、超えてもわずかです。広域処理されるがれきでは、検出されるかどうか、検出されてもほんの十数ベクレルで非常に低濃度です。

よく心配されるのが、焼却時に煙突から煙が出るけれど、そこから放射性物質が流れ出ていかないかが不安だと言います。環境省は、バグフィルターがついているので、九九・九パーセント除去されると言っています。このバグフィルターはそもそも放射性物質のためではなく、かつてダイオキシンが問題になった時に、その対策につけたものです。ダイオキシンと同様に放射性物質も除去できると言っています。これらのお墨付きをつけている機関が国立環境研

原子炉等規制法
正式名称は「核原料物質、核燃料物質及び原子炉の規制に関する法律」。二〇一二年改正。

究所で、今、科学的な証明や実証研究をしている最中です。

それを聞いたら「じゃ、安全じゃないか」と思うのですけれども、ではなぜ、こんなに信用されていないのだろうか？　これは僕の個人的な考えでもありますが、根本に政府への不信感があります。そもそも「原発事故は起きない」と言われていたものが起きてしまったわけだから、がれきも「安全」と言われても、信用できませんよという理屈ですね。

事故後の対応のまずさで、基準がコロコロ変わったりして、今回も基準が信用されていない。もう一つ大きな問題があります。反対する人たちが根拠とすることに、事故前からあった基準で、原子炉等規制法は「放射性物質として扱う必要がないとされる基準は、一キロあたり一〇〇ベクレル以下」と定めていました。「一〇〇以下だったら、放射性物質ではなく一般ゴミとして扱える。一〇〇を超えたら、それは放射性物質として原発などの施設内で厳重に管理されていた」のです。現在の八〇〇〇ベクレルはその八〇倍です。事故前は一〇〇ベクレルであった基準を、事故後に八〇〇〇ベクレルに上げるのかということです。

新潟県知事もこれには「ダブルスタンダードだ。原発の中のゴミは一〇〇ベクレルなのに、原発から外に出たら八〇〇〇ベクレルまで認めるのはおかしい」と強く反発しています。これに対して環境省は「一〇〇ベクレルは安全基準ではない。再利用できるかどうかの基準で、一〇〇以下は再利用できるが、一〇〇超は再利用に向いていないという基準だから、一〇〇以上だから危険というわけではない」と説明しています。「原発事故を境に不幸にして、現実が変わった。今までは原子炉の外に放射性物質が出ることはなかったが、不幸にして出てしまった。そうなった以上、新しいルールが必要である。もし、この一〇〇ベクレルという基準を今回のゴミの基準に採用してしまうと、被災地はもちろんだが、東日本や、東京、群馬も放射性物質が高く出たりして、大半のゴミの焼却処理ができなくなってしまう。現実的にそんなことになって良いのですか」とも言っています。

国の基準があまりに信用されないので、受け入れを考えている自治体はたいてい独自基準を設定しています。「一〇〇ベクレル以下は放射性物質として扱う必要がない」という震災前の基準を設定しているところが多い。大阪府などは焼却灰で二〇〇〇ベクレルとして、八〇〇〇ベクレルに比べてかなり低く設定しています。どの自治体も徹底的に放射線を測定したり、ていねいに住民説明会を行ったり、本格的に受け入れる前に試験的に焼却して、「それほど放射性物質が灰から出ていませんよね」と試して、住民の理解を得ようとしています。

がれき処理と広域処理の現状

岩井　がれき量の見直しがありました。先に紹介した数字は見直し後のものですが、総量が二割減りました。津波で壊れた家をそのまま使う人が結構多かったのと、海にがれきが流出したことで総量が減ったのです。宮城では、他県での処理が必要な量が、見直し前の三四四万トンから一二七万トンに減りました。一方、岩手は逆に津波の土砂物が見込みより増えて、五二万トンが一二〇万トンに増えました。

次に、これが非常に大きいのですが、仮設焼却炉が本格的に稼働しました。宮城では二〇基以上の仮設焼却炉を準備しています。八月までに二〇基ぐらい動くのかな。岩手も仮設焼却炉が二基動いて、あとは地元の民間会社に委託しています。がれきが孫の代まで残ってしまうとか、広域処理がないと十何年もかかってしまうという方もいますが、このまま仮設焼却炉が本格的に稼働すると、実質的にはそれほど時間がかかるものではありません。

現在、広域処理が進展してきました。たとえば、岩手のがれきは青森・山形・秋田・群馬・東京・静岡が受け入れています。調整中のところも含めて、岩手県の達増知事は、可燃ゴミ・木くずについては目処がついたと言いまし

達増知事

達増拓也（一九六四〜）。現・岩手県知事、衆議院議員より転身し、二期目。

た。不燃物が九〇万トンあるけれど、基本的に広域処理を避けて、被災地内で有効活用、再利用すると言っています。そういう意味では、岩手はある程度目処がついてきたように思われます。一方、宮城はまだ目処がついていません。岩手と比べると、宮城は地理的に原発に近い。宮城のがれきは放射性物質の汚染度もやや高いのではという不安があり、住民合意の部分で岩手のほうが受け入れられやすいと思います。

広域処理への批判はよくあります。そもそも安全性への疑念が大きいのですが、よく言われるのが必要性への疑問です。広域処理の量が見直されたことで、量も減り、宮城県知事も「域内処理で一〇カ月延ばせば、広域処理がなくても被災地内で処理を終えることができる」と言っています。この一〇カ月をどうみるかですね。少しでも早くしたほうが良いとみるのか、一〇カ月だけならば被災地にがんばってもらえば良いじゃないか、という考え方もできるように思います。

どこまで信憑性があるか検証ができていないのですが、反対する市民団体等は「広域処理がなくても国の目標である二〇一四年三月内の処理は可能だ」と試算しています。反対する人は「広域処理をしなければ、地元の雇用につながるのだ」と言います。また「がれきは復興・復旧の妨げと言うが、本当なのか？」とも言っています。女川のように住宅街に近い場所もありますが、がれきは住宅街から遠い場所に積み上がっていることが多い。だから、「まちづくりとがれきの置き場は関係ないのではないか」という疑問もあります。

さらに放射能の不安をめぐる住民との摩擦が非常に大きく、「そうまでして進めるべきなのか」とも言います。北九州市では逮捕者も出ていますね。微量とはいえ、放射性物質が拡散するのは事実です。さらに運搬費などのコストがかかる。域内処理ではかからないものを、わざわざコストをかける必要があるのでしょうか。

広域処理をめぐる報道

岩井　新聞社によって、それぞれスタンスがありますが、基本的には広域処理を是としている社が多い。新聞社の社説は会社を代表する主張ですが、朝日新聞の社説は「がれきの処理、お互い様の精神で」として、広域処理を受け入れましょうというスタンスです。ただ、現場の記者としては多様な意見を伝えたいと、いろいろ考えてみたいと思うことがあります。

たとえば、僕を含めて同僚と「耕論」という記事を企画しました。「がれき

山内先生
山内知也（一九六二〜）。神戸大学大学院海事科学研究科教授。専門は放射線計測学。

を拒む社会」ということを三人の立場でそれぞれお話を聞いたのです。神奈川県の黒岩知事は「それでも私は受け入れる」と、どんな反対があっても被災地のためにやるのだと決意を表明しています。僕が取材した、神戸大学の放射線計測学の山内先生は「東日本はそもそも放射能に汚れているのだから、汚れているところに汚れているものを持ってくるのは許容範囲だ。しかし、西日本は非汚染地帯で、そこに微量とはいえ放射性物質を持ってくるのはどうか？」と、西日本に運ぶのは間違いなのだ、と言っています。評論家の加藤典洋氏は「政治的な意思決定のプロセスがちょっとまずい」と指摘しています。

さらに岩手県の被災地の記者が「記者有論」という記者の個人的な見解を述べる記事で、「広域処理にこだわるな」と書いています。コストの面や、「被災地の人ががれきを見ると傷つく」とよく言われるけれど、実際に取材するとそんな人に会ったことがないと言っています。多様な意見があって、報道する側もいろいろな意見を伝えたいという思いでいます。

福島のがれきの問題はどうなのだという点ですが、やはり放射性物質での汚染度が高く、今回の広域処理の対象外です。原発周辺は人も入れない状況もあり、がれきがまだ拡散したままです。手もつけられない状況で、福島に限っては、かなりまだ時間がかかるだろうと言われています。

最終処分場
廃棄物の最終処分（埋立）を行う場所。安定型、管理型、遮断型の三つの種類がある。

これから問題になると言われているのが漂流がれきです。津波で海にがれきがたくさん流れ出て、推計一五〇万トンと言われています。すでにアメリカなどに漂着していて、一〇月以降に本格化するだろうと言われています。これは日本政府として何らかの対応をしないといけない。国際問題にも発展しかねないので、日本政府としても対応を検討しているところです。

久野先生に質問ですが、三田市に最終処分場はあるのですか？　最終処分場はない……。現在、神戸市が受け入れを検討しているようです。僕は三田市の状況をわからないのですが、皆さん、自分が住んでいる近くにがれきを受け入れると聞いたらどう思いますか？　受け入れますか、受け入れませんか？　受け入れても良いと思う人、どれぐらいいますか？　結構いますね。絶対受け入れたくないという人はいますか？　いないのかな。

がれき問題については、「報道する以上、被災地側に立って被災地の復興・復旧の役に立ちたい」という思いで報道しています。いろいろな意見があるなかで、少しでも多様な意見を伝えたいけれど、なかにはやや極端な意見もあって、そこまで伝えるのはどうなのかと、現場としても悩みながら報道していきます。できるかぎり中立であろうとすればするほど、政府寄りの報道になっていくところもあって、非常に難しいなとふだん感じながら報道しています。

リオプラス20
二〇一二年、ブラジルのリオデジャネイロで開催された「国連持続可能な開発会議」のこと。一九九二年に開かれた地球環境サミットの二〇年目にあたる。

BRICS
経済発展の著しい五つの新興開発国の頭文字を並べたもの。

質疑

小池　質疑に入ります。まず、私からいくつか質問してみたいと思います。
　先ほどの吉良さんのお話には「リオプラス20」が出てきませんでした。一九九二年の地球環境サミットから二〇年後の今年、リオで「リオプラス20」が開催されました。私は非常に驚いたのですが、この地球環境問題を議論する大変貴重な会合に、先進国首脳で参加したのはフランスのオランド大統領ただ一人です。あとはＢＲＩＣＳ、つまりブラジル・ロシア・インド・チャイナ、南アフリカ、その首脳が出席しました。先進国は、環境問題はもちろん重要ですけれども、近々に財政問題が大問題になっています。日本もアメリカもそうです。このまま財政問題を放置すると、社会や経済が持続的な成長ができない。そういう認識も出てきています。この「リオプラス20」についての評価を、吉良さんのほうから少しうかがいたいと思います。
吉良　「リオプラス20」は、「失敗した」と書いている新聞もあります。私自身の評価では、「失敗するだろうと思っていた」と言えば変に聞こえるかもしれませんが、実際のところ、「このあたりしか合意できないだろうな」という程度の合意になったということです。

グリーン経済
環境保全や持続可能な循環型社会などを基盤とする経済のこと。

先進国の首脳が来なかったのは事実です。一方、中国は温家宝首相が出席して、「これぐらい援助します」と気前よく演説して、さらに南米の数カ国を訪問しています。ただ、中国は現在、二酸化炭素排出量がトップで、その中国が各国で「あなたのところと一緒にやりましょう」と言ってまわっているのですね。「先進国と途上国」という固定された対立構図が動いていない点から考えれば、「失敗した」とも言えますが、その一方で、失敗か成功かはさておき、新興国、先ほど小池先生が触れたＢＲＩＣＳなどの新たな勢力が、新しい動きを始めたとも言えると思います。

「グリーン経済」という言葉があって、それが本当に可能かどうかもわからないけれど、「今後一〇年は、グリーン経済という環境と経済の両立を考えても良いのではないか」と、個人的には思っています。あと一〇年ぐらいしたら「グリーン経済でももうダメだ。二酸化炭素はこの量しか排出してはいけません」という発想が出て、またステージが変わってくると思うのです。今度は「リオプラス30」ですから、また別の発想が出てくると思うのです。「リオプラス20の段階では、このへんかな」という感じを、僕は持っています。

小池　先ほど冒頭で「揺り戻し」という表現を使われましたよね。たしかに人びとのパーセプションが少し変わってきているのかなという印象があります。

特に日本人の場合、原発事故があって、環境問題への認識が変わってきたという気がしますが、どうですか？　つまり、「環境を考えて二酸化炭素を減らしましょう」という時に、原子力は一つのキーとして、「原子力発電を増やしていけば環境に良い」という議論に基本的にのってきたわけです。政府のそうしたプロパガンダともいえる議論に一般国民はのってしまった。それが事故の結果、かなり変わってきた認識があります。世界的にはどうですか。

吉良　世界的にはちょっと難しいのですけれども、実際、日本は原子力発電を主導してきました。「環境に優しいクリーンエネルギー」としてきたわけです。現状を見れば、誰も原発をクリーンなエネルギーだとは思っていないでしょうが。たとえば、過激な行動をする環境保護団体でも原子力をOKとしていたところはあります。「二酸化炭素削減に原発は仕方がない」と。僕が大学生の時、ジェームズ・ラブロックの『ガイア』という本が流行りましたが、ラブロック氏も温室効果ガス削減のためには原発が良いのではないかと言っていたぐらいです。それが今、実際事故が発生して変わってしまったこともまた事実です。

環境省のあらゆる規制法令の中に放射性物質は入っていませんでした。そもそも放射能が環境を汚染することが想定されておらず、環境基準もない状況

プロパガンダ
特定の思想、意識、行動に誘導しようとする宣伝行為のこと。

ジェームズ・ラブロック（一九一九〜）
英国の科学者。環境主義者。地球を一種の超個体としてみるガイア理論の提唱者として知られる。

二五パーセント
二〇〇九年、鳩山総理大臣は国連気候変動サミットにおいて、二〇二〇年までに日本の温室効果ガスの排出量を一九九〇年比で二五パーセントカットすることを、他の先進国が協力すれば、という前提条件付きで宣言した。

だったのです。ところが、震災が起きて、環境基準という明確な基準ではないですが、環境省が「放射性物質がこれだけだったら安全」という、先ほど岩井君が触れた八〇〇〇ベクレルといった話もでてきて、放射性物質が新たな汚染物質と捉えられるようになったのです。

ただ、どうしてもエネルギー源の問題がでてきます。第二部で議論するかもしれませんが、同じ電力量を維持するならば、原発を減らせば火力発電を増やさないといけない。火力発電の二酸化炭素を増やすのか、それとも原発事故が怖いのか、という議論になってしまいます。僕は、人間が生きていくかぎり、何らかの環境に対する負荷は与えているのだと認識したうえで、その負荷を火力にするのか原子力にするのかという議論が必要だと思っています。

小池　もう一つだけ、鳩山由紀夫さんが首相の時に、国連で「一九九〇年比二五パーセント減」と演説しましたね。あれはもう完全に反故ですか？

吉良　もう反故というか、政策担当者の頭の中から消えているので、事実上はなくなっています。ただ、国際的には二五パーセント削減をやりますと言ってしまっていて、これは国際公約と言われています。ここで二つの考え方があって、たとえば日本が「一五パーセントに訂正します」と言えば、国際的に温室効果ガスを減らそうという気運がガクッと落ちてしまいますね。そういう怖さがあります。

しかし、「二五パーセント減をどうやって実現するのか」と聞かれれば、現実的にはほとんど不可能なわけです。ボトムアップかトップダウンかという図式で考えると、鳩山さんの主張はトップダウン式です。「二五パーセントやります」と言って、その後に「ではどうするのか」と考える、そんな発想をしたわけです。しかし、現在こういう状態になって、やはりボトムアップ式で見直さないといけないのではないかと思います。たとえば、風車や太陽光といった再生可能エネルギーで何パーセント削減できる、節電でこれだけ削減できる、エネルギー効率を向上するとこれだけ削減できると、ボトムアップでやっていく方向に世の中の流れは変わってきています。

僕自身がCOPの現場に行ったわけではないですが、二五パーセントという数値目標について、各国からかなり冷たい評価もあります。二五パーセントをどうやって実現するのかと、中国などからも批判されています。二五パーセントと鳩山さんが言ったけれども、それを裏打ちする法律が日本にはない。どう実現するかもわからない。二五パーセントのうち、どれだけ我慢で減らすのか、国内対策で減らすのか、どれだけ排出量取引のクレジットを買うのか。そんなことさえもよくわからないわけです。

排出量取引
排出権取引ともいう。国ごとに排出限度を設け、過剰達成分の売買を認める制度。未達成の場合は、買った分を、自国の排出削減とみなす。

僕はこう考えています。そういう不確かな目標を出しているのであれば、日本はこれだけ国内対策でやります、たとえば一〇パーセント削減します、残りは、クレジットというのですけれども排出量取引、途上国で減らした排出量を権限として買ってきますと、まず国内の目標をしっかりと決めて、排出量取引については、日本の財政が良くなればこれだけ買うかもしれない、日本が主張する新しい排出量取引制度を認めてくれるのであればこれだけやる、と具体的に示していけば、もっと交渉は活発化するのではないかと思っています。

小池 ありがとうございました。それでは、岩井さんに質問したいと思います。先ほどの記者の方の「広域処理にこだわることはない」という話はおもしろい議論だと思いますが、仮に広域処理をしなければ何が起こるのでしょうか？

岩井 もう、域内処理ですね。

小池 域内処理には、しかし問題があるわけですよね。つまり、コストの面とか。広域処理をしなければならない最大の理屈は何になるわけですか。

岩井 政府の理屈は、復興・復旧のために、広域処理で一日も早く処理したいというものです。一方、この記者の主張は、政府が立てた二〇一四年三月という目標にそもそもこだわる必要があるのかということも含んでいます。

小池　広域処理には輸送費もかかります。その分のコストを域内処理にあてれば、もっと地域で早く処理できるとは言えないのですか？

岩井　仮設焼却炉を建てれば良いのでしょうが、仮設焼却炉を建てるのに今回でも一年以上かかっています。だから、今から仮設焼却炉を増やす選択肢はないと思います。政府は初めから広域処理ありきでスタートしている。当初から域内処理でやるという方針で、もっと仮設焼却炉を作っていたら事態は違った可能性はあります。

小池　広域処理について、岩井さんの目から見てどうですか。処理をする側、つまり域外で処理をする自治体とか、住民の人たちに反発が強くある。中央政府の説明の仕方に何か問題があったというようにご覧になりますか？　あるいは、政府の説明の仕方には問題はなかったという判断ですか？

岩井　非常に難しいところです。環境省を取材している立場からすると、政府は一生懸命ていねいに説明しているという印象を受けています。ただ、いかんせん伝わっていない。当初は自治体レベルの首長でも勘違いしていた。基準なども非常にわかりにくい。住民への説明会でもまったく伝わらない部分もあり、政府としてはなるべくわかりやすくという一生懸命な姿はあるのですが、いかんせん伝わらない。反省してホームページを作ったりしていますが……。

大臣の数
内閣法で国務大臣の数は一四人以内とすることが定められている。ただし例外的に増やすことのできる規定もある。

小池　岩手や宮城ならば、福島の原発から遠いので、がれきにそんなに放射能は入っていないだろうと、一般的には思いますよね。にもかかわらず、この間ずっと、放射線の議論に流れていっているわけでしょう。政府のやり方が悪かったのか、あるいはマスメディアの報道の仕方が悪いのか、どっちかではないかと思ったりもしてしまいますが。

岩井　双方悪いのかもしれないですね。

小池　最後に一つだけ、ご両人にうかがいたいのですが、環境大臣の細野さんは原発事故担当大臣でもありますね。両方ともすごく大変な仕事ですが、兼務することは妥当なのでしょうか。

岩井　僕は本来、分けるべきだと考えています。非常に広い問題で、広ければ広いほど、関心度によって大臣の習熟度も違ってきます。政治主導といっても、分野によっては官僚の描いた絵のままに判断しているな、と思う分野もあります。できれば分けたほうが良いのだろうなと考えています。

吉良　私も分けたほうが良いと思います。しかし、行政をスリム化するため大臣の数は法律で決まっているのです。誰かが兼務しないといけない状態で、結局、原発を担当していた細野さんが環境もやる、要するに放射能が新しく環境の分野に含まれたので、いっしょにやったほうが良いだろうとなったのだと思います。

小池　どうもありがとうございました。第二部は環境政策をめぐる報道、あるいは報道そのもののあり方について、お話をうかがってみたいと思います。久野先生と鎌田先生もパネリストとして参加されます。

第2部

シンポジウム　「環境報道の在り方を問う」

パネリスト

吉良敦岐
岩井建樹
鎌田康男
久野　武

コーディネーター

小池洋次

キャリアや経験、そのほか

小池　第二部は、本日のゲストの読売新聞社の吉良さん、朝日新聞社の岩井さんと、指導教員だった鎌田先生、久野先生の四人でパネル・ディスカッションをしようという設計です。第二部では環境に限らず、一連の報道のあり方について議論していただきます。学生の皆さんも、「マスメディアというはどういうものだろうか？　きちんと報道しているのだろうか？」と、疑問もあるのではないかと思います。どんどん疑問点をぶつけてみていただきたいと思います。

最初にお二人のゲストから、ご自分のキャリアやどんな経験をされたのか、問題に思ったこと、悩んだことなどを含めて、五分か一〇分話していただきます。それに対するコメントをお二人の先生方からいただき、あとはディスカッションをしたいと思います。アウトプットがないと、インプットもありませんから、皆さん、ぜひご自分でアウトプット、自己表現をする。コメントする、質問をするという行為を通じて、いろいろと学んでください。

吉良　僕が入学したのは一九九五年、一期生で、僕の前に誰も総合政策学部生はいないはずです。入学式が終わったら、総合政策学部生だけはバスに乗るように言われ、延々一時間ぐらいかけて三田キャンパスに来たのですが、降りた瞬間、「あっ、ここは何もないところなのだ」とわかりました。先生にも「勉強しかできないぞ」とよく言われたものです。卒業したのは一九九九年、ところが入社が二〇〇一年です。その二年間、何をしていたのか、ズバリ言うと就職できなかったのです。僕は大学生の時から、「新聞記者にしかならないぞ」と思っていて、新聞記者しか就職試験を受けていません。今考えても、ぞっとするような就職活動をして、どうしようかと思っていました。それでは二年間何をして過ごしていたかといえば、実は読売新聞社の社内でアルバイトをしていました。僕は読売新聞を五回も受けているのです。五回目でようやく合格するという、何かとんでもないことをやっていました。

就職試験で連絡がないと、「今日は台風で電話線がつながってないのかな」とか、そんな不安感がありました。採用されてからもう一一年になるはずですが、いまだに年に数回は就職試験に落ちた夢を見ます。結構追い詰められるものです。今、就職活動中の人がすごく大変なことがよくわかります。僕はどうしても新聞記者になりたくて、新聞社でアルバイトをすると同時に、新聞記者になりたい人のためのメーリングリストを作って千何百人と集めました。それで、独りぼっちにならなくて良かったなと思います。いろんな人と友だちになって、東京や九州の人ともメールをやりとりして、「なんとか新聞記者になりたいね」と、励ましあっていました。メーリングリストで作文の題を決めて、書いた作文を二〇人ぐらいで交換して批評しあっていました。

新聞記者になりたかったのに就職できなくて、ニートになった人を取材したこともあります。僕も長く合格できなかった経験があるので、本当につらくてもう半日ぐらい話を聞いていました。その人との間で、「なぜ僕たちは同じ夢を持ちながら、今、違う状況になっているのか」ということを考えたら、僕はインターネットでいろいろな人と会うようにして、東京や福岡に行ったり、いろんな人とつながって励まし合いながらだったから、何とかやっていくことができたということになりました。

ようやく二〇〇一年に読売新聞の記者になれました。横浜支局に配属されて、五年ぐらい横浜にいました。一年生の時は警察を担当して、それから大和通信部という場所で米軍基地の取材をやっていて、戦闘機が飛ぶのでうるさくて窓も開けられないところに住んでいました。その後、神奈川県庁を三年ぐらい担当しました。支局というのは下積みです。それから本社の社会部にいって、武蔵野支局という、地方版のようなところにいきました。

新聞記者として話せるキャリアとしては、裁判員裁判の担当をしました。東京地裁に二年間入って、裁判員制度がスタートした時にちょうど担当で、一年

支局
大新聞社は本社、支社のもとに総局、総局のもとに取材拠点として支局を置いている。朝日新聞の場合、国内に四四の総局、二四六の支局を置いている。

記者クラブ
32頁注参照。

原子力安全保安院
二〇〇一年中央省庁再編の際、原子力安全関連部局を統合して経済産業省資源エネルギー庁の下に設置された。二〇一一年の福島原発事故により、二〇一二年九月廃止され、環境省の外局で、原子力規制員会の事務局機能を担う原子力規制庁が誕生した。

ぐらい裁判員裁判ばかり見ていました。新しい司法制度ですが、皆さんも二〇歳を過ぎていれば、法廷に呼ばれることもあります。いつ呼ばれて、有罪か無罪かを判断することになるかもしれません。取材していて、今、裁判という制度が変わりつつあるなと体感して、非常に良い経験をしたと思います。

二〇一〇年一二月に環境省の記者クラブに配属され、裁判所から環境省に移ったので多少は楽になるかと思ったとたん、三月に東日本大震災が発生しました。発生の翌日から三カ月間ずっと原子力安全保安院で椅子に座ってメモばかり書き、会見で質問していました。福島第一原発の一号機が爆発した時は、リアルタイムで本社から電話がかかってくるのです。「爆発したけど、あれは何だ?」「テレビで、煙が出てるけど、あれは何?」「職員が出てこないが、どうなっているのだ?」とか、そんなこととつきあって、今は環境省で、若干その時の緊張感が解けつつあります。

就職して一一年経ちますが、大学の時に経験した作法が、すべて今の仕事の基本になっています。一つは、本を読むという癖がついていたから、今、資料を読むことはまったく苦痛でない。電車の片道四〇分で新書一冊読んで、帰りにもう一冊新書を読める。一日二冊読むのがまったく平気なのです。

学生の頃はPCでノートをとってました。今でも学生の時のデータを見ることがありますが、デジタルデータだからパッと検索できます。データベースを自分のPCの中でつくるわけです。取材メモを一つのフォルダに詰め込んで、それをキーワードを入れて検索をかけ、「何カ月前にこんな取材をして、あの時はあんなことを言っていたな」とグーグルのように使っています。

あと、よくメモをとることです。学生の時は、授業を聞きながら、全部直打ちでパチパチとメモを取っていました。それが今、会見などで大臣が話しているのをバーッと打ったり、取材後にメモを作ることにつながって、学生の時の経験が、今の仕事の基本になっています。就職してからではなく、大学一年生の時から身につけたほうが良いのではないかなと感じてます。

岩井　私は五期生で、一九九九年入学で、二〇〇三年卒業です。その後、名古屋大学の大学院に行って、それから朝日新聞に入りました。就職活動をされている方も多いと思うのですが、僕は学部の時はぜんぜん就職活動をしませんでした。まだ社会に出られるような精神状態ではなかったのです。

名古屋ではマスコミ学校にも通ってました。そこに通った最大のメリットは教えられた内容よりも、同じ目標を目指す仲間がいたことです。これは絶対的に大きい。新聞記者になった人も、なれなかった人もいますが、今でもつながりがあります。新聞社は春と秋に試験があって、春は全滅しましたが、秋試験で唯一受けた朝日新聞に合格して。それで入りました。

初任地の岡山に二年半いました。ここではひたすら警察と、朝日新聞が主催している高校野球ですね。斎藤佑樹君とか、甲子園でちょっと取材したことがあります。新聞記者一年生の生活は休みがあってないようなもので、すぐ呼び出されます。旅行にも上司の許可が要る。事件があったら旅行から呼び戻されるといった感じです。そんな暮らしを二年半して、その後、京都の舞鶴市に行くと、二人しかいない。何でもできて良いと思っていたのですけれども、ちょうど女子高生が殺される事件が起きて、ひたすらその取材です。

そこから京都総局に異動して、朝から晩まで警察官の取材をしていました。その後、東京の編集センターという、見出しをつけたりする部署で内勤を一年して、現在の環境省クラブに来ました。

つらかったのは被害者の取材ですね。今でも覚えています。火事の取材で、旅行に行っている時に、子ども二人が火事で死んでしまった。取材で、お父さんに殴りかかられるような状況になりました。「なんで、そんな取材が必要なのだ」と言われると、僕もなぜ必要なのか、悩みながらやっています。

先輩に言われて印象的だったことがあります。福知山線の脱線事故の記事で、紙面に顔写真がいっぱい載ってました。僕も疑問で、「被害者の方がこんなに悩んでいる時に、こんなに顔写真を集める取材には意味があるのですか？」と言ったら、「もし、新聞に顔写真が載らなかったら、被害者の方のエピソードや、生前どういう人だったのかということが新聞に載らなかったら、テレビで報道されなかったら、誰が一番喜ぶのかといったら、それはＪＲが喜ぶのだろう」と言われたのです。「百何人が死にました」というだけで報道が終わるより、それぞれの被害者の顔が見えるように報道することで、見る人の心を打ち、ひどい事故だと思われたほうが、社会に与える影響が大きい。それが載らなかったら、加害者であるＪＲが喜ぶだけではないかと。だから、それは意味があるのだと言われたのは印象的でした。

就職活動で落ちた夢は、僕も結構見ます。全部落とされて、行き先がなくて、すごいどうしようみたいな感じで、目が覚めると「ああ夢だったのだ」と、いまだに数カ月に一度ぐらい見ます。やはりそれだけ追い詰められていたのかなという気がします。

学生の皆さんに伝えたいことは、吉良さんとかぶるのですが、本を読んでおいたほうが良い。学生に与えられているのは時間なので、本はお金がかからないし、たくさん読んだほうが良いと思います。別に新聞を読めとはいいません。コンパクトにまとまっているので、新書でも良いでしょう。もちろん、鎌田先生のように、きわめて難しい本に挑戦するのも良いと思います。本を読むというのは、基礎になる部分で大事です。

あと僕が学生時代にもっとやっておけば良かったと思うのは、やはり語学、英語です。あとは経済学。この二つはもっと時間をとって、やっておいたほうが良かった。今もぽつぽつやってますけれども、なかなか苦労するので、学生で時間のあるうちにやったほうが良いと感じています。

吉良さんが情報収集の方法を紹介していましたが、僕はGメールを使っています。吉良さんはパソコン上にデータをスキャンしてとっておくわけですね。僕はGメール上に全部、情報を投げてます。Gメールは検索できるので、過去のデータが一覧できる。Gメールを情報の箱、ボックスとして利用する。皆さんもやってるかもしれませんが、参考になればと思います。

Gメール
グーグル社が提供するウェブメールシステム。

新聞社の色——社論と記者個人の意見

小池　それでは、指導教員だった先生方にコメントをいただきたいと思います。まず久野先生からお願いできますか。

久野　吉良さんと岩井君の話で「本を読め」ということでしたが、皆さんは、僕が授業で「新聞を読め」と言うのを聞いたことがあると思います。僕は二九年間、役人生活をしていましたが、時間があると新聞各紙をずっと読んでいました。そうすると「どの新聞もだいたい似たり寄ったりだな」という印象でしたね。産経が少し毛色が変わっているところがありましたが、あとはあまり変わらない。ムード的に朝日が少し左であると言われていても、大したことないというのが率直な感想です。したがって一紙読めば良い。しかし状況が変わったなと思います。たとえば、三・一一以降、何が変わったのか？　朝日、毎日、東京、これははっきり脱原発を言ってます。しかし、読売や産経はそう言ってない。あきらかに新聞各紙によって意見が違うようになったということです。などと話しても、そもそも下宿生で、新聞代がかかるからと新聞を読まない諸君がいる。そういう時代だからこそ、新聞を読んでほしいと思います。

二人に聞いてみたいのは、新聞各紙の色がだいぶ出てきましたが、この色は上から出てきたのか、現場から出てきたのか。あるいはこの色は現場の取材に影響があるのか、ないのかということが一つです。

もう一つは、僕がまだ役人でいた頃、二九年間、環境庁（現・環境省）で記者クラブの人にずいぶんつきあってきました。今はそんなことはないと思うのですが、当時の記者クラブは良き時代と言えますが、昼間から麻雀をやったり、酒を飲んだり、けしからんなと思うこともありました。役所が発表してほしい記事は、当然、記者クラブで発表して、それが一斉に載るわけです。したがって、そんなに変わりようがない。一方では絶対に公表したらいけないマル秘事項がある。これは教えられない。問題は、その二つの間に膨大なグレーゾーンがあることです。わざわざ発表するほどではないが、新聞記者が聞きに来ればいくらでも教えます、と。ところが、記者が個別に取材に来たので教えてあげて、それが大きな記事になったりすると、他の記者が「抜かれた」と怒るのです。記者クラブというのは、なぜ横一線なのでしょう。自分たちも取材に来れば良いのに、取材に来た記者に教えたら、「なぜあそこにだけ教えた」と言われるのか？　そこに悪い印象を持っていたのですが、今でもそうなのでしょうか。

三点目は、たとえば三・一一の原発の事故でも、テレビの報道は政府が発表する「安全だ」という内容でほとんど横一線でした。違うのはそれをアップするタイミングだけ。その一方で、ネットなどには真偽の定かでない情報がいっぱい出てきている。あれでかなり牽制されるというか、情報が多様化するなか、真実とはいったい何だろうかと、見る目が少しずつ養われてきているような気がしています。新聞記者として、そのあたりをどう考えているのでしょう

社説　新聞社自体の立場、主張、意見を述べる欄。

か。

岩井　まず、「社の論」については、基本的に上から決まるのかなという印象を持っています。社説を書く人が毎日集まって、喧々諤々議論して、「社の論」が決まる。では、記者は「社の論」にしばられるかというと、現場で意識することはないです。「社の論」がこうだから、現場でこう取材しろというのはない。

ただし、色はあって、たとえば、反原発集会を取材した場合、東京新聞だったら反原発を一面に扱う。朝日新聞だったらそれなりに扱う。読売新聞だったら載らないかもしれない。産経新聞にも載らないかもしれない。「社の論」で反原発の集会の扱いが変わってきますね。自然エネルギーの原稿を書く際、自然エネルギーの会社の立場というものがありますね。読売新聞は現実的に、自然エネルギーの限界という視点から見ているところもある。朝日新聞は自然エネルギーをできるだけ早期に導入すべきという立場に立つ。現場で取材する際、双方とも限界と可能性を伝えようと意識はするけれど、どちらかに比重がかかる取材になることも、多少あるのかなという気はしています。

FD改ざん
大阪地検特捜部の主任検事が証拠のフロッピーデータを改ざんしたとした証拠隠滅事件。二〇一〇年逮捕起訴され、二〇一二年大阪地裁で有罪判決を受けた。

記者は書きたいものを狙っている

岩井　次に、久野先生の「グレーゾーンを聞きに来たら……」という話ですが、今は横一線を求めているわけではないのではないか。逆に、「抜かれたら、やられてしまった」と素直に負けを認める。「負けました。読売さん、すごいですね」という世界ではないかと思うのです。記者は「ネタをとってなんぼ」なので、ネタをとったら書く。わかりやすい例として「誰々を逮捕」という警察発表をただ待っているよりも、半日でも前に、警察発表より前に報道したい。だから、ひたすら取材する。「そのこと自体に何の意味があるか?」という疑問はあります。しかし、そうした取材を積み重ねることで、すごく大きな特ダネがとれる。自社の自慢ではないけれど、大阪の特捜部のFD改ざん事件で、検察官が証拠を改ざんした。日頃から取材を繰り返しているからこそ、そういうネタをとれるのだと思います。公式の発表を書いたら、結果的に横一線になってしまいますが、それ以外のものを書きたいと虎視眈々と狙っているのだと思います。

ネットの影響についておもしろいと思うのは、危険をあおる人たちは「新聞は政府の言うとおりに、安全だ、安全だと報道してけしからん。真実を報道し

一〇〇パーセント安全

「絶対的な安全はありえない」というのがリスク論の前提である。損失×損失の発生する確率を定量的なリスクと定義している。しかし、市民の間には絶対安全、つまりゼロリスクを求める声が強く、福島原発事故で議論になっている。

ていない」と言います。逆に安全だと思っている人たちは「新聞は、健康に影響がある可能性があると言って、不安をあおっている」と言う。双方から批判されているので、ある意味、バランスがとれていると勝手に思っています。

ただ、危険性などを報道する際には、それは根拠があることなのかどうか考えてしまう。政府が発表したものはやはり伝える必要があるわけで難しい。絶対の安全についても、「それでは、一〇〇パーセント安全ですか」と問われると、「一〇〇パーセント安全ですとは答えられない」わけで、そのあたりの報道をどうするか、皆さんも悩みながらやっているのだろうと思います。ただ、朝日新聞では「記者有論」という、記者個人の意見を自由に述べられる欄があるので、そこに個人的な意見を書くことはできます。

対立するところと、同じところ

吉良　会社の社論を「個人としてどう思うか？」と聞かれた場合、なんと答えたら良いのかなと思うのです。

僕は「対立がある」と考える前に、「同じところはどこなのだ？」と常に考えるようにしています。対立を強調するのはおもしろい。「誰々さんと何々さ

再生可能エネルギー
きちんとした定義がなされていないが、おおむね自然エネルギーと同様な使われかたをしている。大規模な水力発電は含めないことが多い。

んの対立」と、政治でも必ず対立があります。しかし、僕は逆に、(大学の頃にもそういうことをやってきたからかもしれないけれど)、まず同じところはどこなのかと考えています。

読売新聞でも、朝日新聞でも、毎日新聞でも、同じところはどこか？ まず、再生可能エネルギーといわれる風力発電と太陽光発電など、原発に頼らないエネルギーを最大限増やすという主張、これはどこの新聞も変わらない。そのうえで、残りの電力をどうするのか。「原発にするのか、火力にするのか？」という議論がある。

グランド・デザイン、つまり、三〇年後、四〇年後どうするのか。将来的にどうするのかということを考えても、問題は変わらないわけですね。「できれば原発は止めたい」と皆が思っているわけです。「無理に動かしたくない」、これはどこの新聞も同じだと思います。しかし、「では、今、どうするのか」というピンポイントで切ると、議論は難しくなってくる。現在、原発の再稼働について、学生の皆さんは市民団体の人といっしょに「原発を止めよう」と声をかけている人もいれば、内心は「そんなことやってもな」と思っている人もいるかもしれない。

「この瞬間、どうなのだ？」ということについて、読売新聞は「稼働しなけ

原発再稼働
福島原発事故以降、定期検査で稼働を休止した原発の定期検査終了後の再稼働に反対が強く、大飯原発が再稼働に入ったのみである。

ればいけない」と主張しています。僕自身も「稼働しなければいけない」と思っています。それは、再稼働させず、電力がないという状態が安全だと思わないからです。たとえば、突然停電になっても、「たまに停電になっても良いではないか」と言う人がいるかもしれない。しかし、停電は実は怖いもので、ある日、予期せずに突然止まってしまうと、電気的なネットワークがガタガタと潰れるわけです。

僕は阪神大震災の年に受験しましたが、垂水区出身なので、受験のために、大阪まで歩いて、ホテルに泊まって、それから電車に乗って、受験に行きました。大阪に来てうれしかったのは、ガスのお風呂に入れることでした。受験が終わって自宅に帰っても、まだガスのお風呂に入れない。ガスと同じぐらい電気のネットワークもダメージを受けます。だから、「少しぐらい停電になっても良いですよ」と言われても、そんなに簡単な問題ではないと思うのです。

僕が経産省関係の方とお話した際、「たまに停電になっても良いのじゃないですか？　それでも国民は許容するんじゃないですか」と言ったら、その方が「そうやって議論を投げてはいけない。安定した電源が必要で、停電した時のコストは計り知れない。たとえ『原発を維持したがっている人たちだ』と非難されたとしても、自分の信じていることを言うべきだ」とおっしゃって、そういうものだろうと思いました。

記者クラブとネット情報

吉良　役所の発表と、記者クラブをどう捉えるかについてお話しします。さっきの岩井君の話でもあったように、新聞記者は「逮捕へ」と半日早く報じることだけでも、死にものぐるいでやります。「そういうことはあまり意味がないではないか」と言う人がいるのも事実です。取材の重要性について、そういう質問をされたら、僕は「発表を待つとしても、いざ逮捕した時、その瞬間に、あなたはどれぐらいその事件を克明に書けますか?」と答えます。新聞記者とは、ただ発表を待って、発表が来たらそれを処理して、ハイ、終わりという仕事ではない。未来に何かが発生するとわかっていたら、そこから逆算して前もって原稿を作り始める。あまりよく知らない人は、記者はクラブの椅子に座って、当局から発表資料というエサを与えられて、それを食って帰っていると思うかもしれません。しかし、僕だって岩井君だって同じだと思いますが、将来、何かが発生するとわかっていたら、予定原稿を一週間ぐらい前から書き始めます。待ち受けていたことが発生した場合、一瞬でデスクに原稿を送れる状態にしておくわけです。

もちろん、新聞記者である以上、「抜く」「抜かれる」は必ずあります。たとえば、環境に関する話題について、社内から「ＮＨＫが正午のニュースでやったぞ」と言われた時にどうするか。夕刊の締切まで、あと一時間半程度はあります。そんな時に、「すぐ送ります」と五秒で記事を送れるか。「それは準備していませんでした。今から書き始めますので、すぐには送れません」などとは言わない。

ともあれ、新聞記者とは準備に尽きます。発表を待っていて、それを見て書いていると思われているとしたら、それは絶対に違う。発表を控えていて「今は言えない」と言われても、事前にできるだけ話を聞いて原稿を準備しておく。この繰りかえしです。

僕は裁判所を担当していましたが、判決文が出てから原稿を書くのではなくて、全パターンを想定するわけです。多ければ五パターンぐらい原稿を書きます。平日には書く時間がないので、土日にまとめて裁判の資料を読んで、自分で何パターンか想定して、原稿を書いておく。判決がでたら、「これはＡパターンです」と上司に伝えて、そこから判決文を読み、少しずつ手直しして原稿を出す。そうしないと正確な記事は書けない。それでも、想定を上回るよう

ニコニコ動画
ドワンゴが提供している動画共有サービス。ユーザーのコメント機能が特徴的。

な判決が出ることがある。僕も何回か経験していますが、そんなヒヤッとする経験を何回かすると、ますます慎重に準備しようとします。

ネットなどの情報の多様化の話ですが、僕は原発の会見に出ていました。原発の会見はニコニコ動画などが生中継します。僕らが質問している様子もストレートに放送されて、「なんだよ、わかんないよ」と画面に言葉が表示されてしまう。「あっ、僕の質問、わからなかったのかな」と反応を見て、「自分の質問のやり方が悪かったのかな」とか、「見ている人にはどんなふうに捉えられたのだろうか」といったことも、見るようになりました。それも勉強になりました。

ネットに書いてあることが正しいのか、新聞が正しいのか、という問題ですが、僕らはネットに書いてあることを取材しているのも事実です。第一部での岩井君の話にありましたが、「バグフィルターでセシウムが九九・九パーセント除去できる」と環境省が言っているけれど、それを否定している団体もあります。物質収支を考えて、セシウムがどこにどれだけあったのかを追跡したら、何割かは行方不明だから、放出されているのではないかと言っている人がいるわけです。そういう意見があったら、たとえば、環境省に「この市民団体はこんなことを言っていますが、どうなっているのですか?」と聞けば良いだけの

ニューヨーク・タイムズ
本社はニューヨーク市にあり、一八五一年創刊された。アメリカを代表する高級紙。

燃料棒
核燃料をセラミックで焼き固めた燃料ペレットを、燃料被覆管に注入したもの。燃料棒を束ねて組み上げられた燃料集合体が原子炉に装荷され使用される。

話なので、「どちらが正しいか」ではなく、「片方ではこう書いている。もう片方ではこう書いている。これを付き合わせたら、どうなのだろうか」ということを、読者にはしっかり見てもらいたいと思います。

フリー記者が増えて、「既存のメディアは嘘を書いている」と言われることが結構あります。たとえば、ニューヨーク・タイムズが「福島第一原発ではすでに燃料棒が飛び出ていて、作業員が地面に埋めている」と報じたことがありました。そうすると「既存メディアは政府側に取り込まれて、嘘をついているのではないか？」とネットで流れるわけです。冷静に考えたなら、燃料棒が飛びだしていれば、近寄れば放射線で即死するでしょう。普通に考えれば、そんなことはなかなかできないと思うのですが、それが事実だと流れてしまうのです。そうなった時には、「どちらが正しいのか」ではなく、両方突き合わせて考えてもらう。

新聞とは考えるためのパーツです。ひょっとして皆さんは新聞に「正しさ」を求めていて、正解、答を求められているのかもしれません。僕は、それは明確に違うと思います。ネットも新聞も、あなたが考えるための素材で、それを両方考えてみてください。僕は新聞記事を書いているので、新聞の正しさに僕なりの自信は持っているつもりです。ただ、既存のメディアに不信感を持っている人に対しては、「どうぞ比べて、評価してください」と答えたいと思います。

なぜ再生可能エネルギーは広がらないのか？

鎌田　お二人とも立ち入ったところまで話してくださって、私がうかがいたかった点もほとんど触れられてしまいました。夕べ泊まったホテルに置いてあった朝日新聞と読売新聞を読んだら、なぜかどちらも書いていることが同じで、見出しから記事の配置まで同じでした。「二つの新聞はどう違うのだ？」と話題にしようと思っていたら、見事に悟られました。しかし、広い目で見ると違いがあるともおっしゃった。やはり、比較をしながら評価することが大切なのだと思います。

今のお話にプラスアルファで、私はドイツに長年滞在していたことがあるので、特に今度の震災後の原発をどうするのか、興味をもって追跡してきました。吉良君の発言で、現時点では、中長期的に原発を少なくしていくことに皆のコンセンサスがあるが、そこに向かってどんな道をとるかは、いろいろな見取り図があるということでした。最近、私が見たデータの中で、日本では再生

再生可能エネルギーへの投資
二〇一一年の投資額は世界で二一一〇億ドルだが、日本の投資は三三億ドルで全体の一・五パーセント程度で低迷している。

可能エネルギーに対する関心自体が少ないのかなという印象をもったものがあります。再生可能エネルギーに対してどれぐらいの研究、その他のインベストをしているかというデータです。うろ覚えですが、中国が意外とたくさん出していて、三〇パーセントぐらいでした。世界の再生可能エネルギーに対する投資や研究費も三〇パーセントぐらい出ているのです。中国は、自分たちの出している量に見合ったぐらいの投資もしている。いつ、実際に再生可能エネルギーのほうに政策を転換するかは私もわかりませんが、ともかくお金は出しているらしい。ヨーロッパは、再生エネルギーについて世界の半分ぐらいの開発資金・研究費を出しています。アメリカは一〇パーセントを切るぐらい。日本は世界の五パーセント、あるいは三パーセントぐらいでしたか。

久野　投資はわかりませんが、日本のエネルギーに占める自然エネルギーの割合は、水力をカウントすれば一〇パーセントぐらいです。ただし、大規模水力は再生エネルギーから外すことが多い。大規模水力を除けば、一～三パーセントです。

鎌田　するとやはり、日本のインベストのお金もそのぐらいなのですね。非常に少ないわけです。再生可能エネルギーは話題にはなっているけれども、現実の論争では、原発か火力発電所か、というほうに議論がいってしまっている。

再生可能エネルギーについて、どこか頭の隅にあるけれど、あまり議論がなされてない。現実にお金もあまり動いてないようだ。このあたりは、日本のエネルギー政策にどんな背景があるのでしょうか。将来の見通しとして、最終的に再生可能エネルギーを増やしていくことは、誰もがそのとおりだと言うと思いますが、現実問題として、口で言うわりには動いてない。このあたりがどうなっているのか、それぞれ朝日と読売の立場から提案をいただけたらと思います。

吉良　僕は環境省担当記者のキャップとして全体を見る立場にあって、すべてだいたいは見ています。

再生可能エネルギーの普及自体は、基本的には経産省の施策です。環境省は本来、規制官庁と言われています。つまり「汚染物質をこれ以上出したらダメだぞ」と規制をかける官庁です。再生可能エネルギーの普及はエネルギーを推進する側だから、基本的に推進官庁の経産省です。それがなぜ今では、再生可能エネルギーの議論に環境省が入るようになったかということがまず第一点です。これは規制と推進という二つの考え方があり、原発事故を経て、環境省が推進側も担うようになったことを象徴的に現しています。

なぜ再生可能エネルギーが普及してこなかったのか。これにはいろいろな意

経産省
経済産業省の略。二〇〇一年の中央省庁再編で通商産業省（通産省）が再編されて誕生した。

見が出ています。いろいろなことをそれぞれ自分の立場で話していて、それらを同時に比較してみたらどうなるかという点までは、僕も取材ができていません。百家争鳴で読むだけで精一杯です。書いた人のところに「Aさんはこう言っていますが、あなたはどう思いますか。Aさんの議論を論破できますか？」と、そんな質問もできないほど議論が多い。その中で、僕がわかる範囲のことでお答えします。

たとえば、風力発電の適地は北海道の宗谷岬か、本州北部の下北半島です。とても風が強いので、発電に最適なのです。ところが、そこから東京まで電気を運ぶためには送電線が必要です。車と同じだと考えてください。宗谷岬から東京に来る道路は基本的に細い。宗谷岬に風力発電を大量に並べるなら、送電線を太くしなければならない。車で言うなら高速道路、もしくは新幹線を通さなければいけない。それに対する整備費がすごくかかってしまう。

菅さんは「太陽光発電を一〇〇〇万戸につけます」とドーヴィル・サミットで言いました。こうした再生可能エネルギー社会を実現するためにかかる予算は二兆円から二〇兆円と言われています。二兆と二〇兆ではぜんぜん違いますが、ほとんどは「送電線をどうするか」ということなのです。北海道と本州の間に、北本連系線という送電線があります。三本ありますが、容量が非常に小

ドーヴィル・サミット
二〇一一年、フランスのドーヴィルで開催された主要八カ国（G8）首脳会議のこと。

さい。原発一機一〇〇万キロワットと言われていますが、北本連系線は六〇万キロワットしかありません。だから、北海道から本州には電気を送ることができない。再生可能エネルギーを入れようにも、入らない。そのため電力会社が「風力発電はお断り」と言っていたわけです。大量に建設されても、電気を送ることができないので困るということです。

　風力発電は風任せで発電しない時もあります。では、どういうことになるのか。需要家は安定的な電力が欲しいですよね。そうすると、風力発電を整備すると同時に、風力が発電しない時にカバーする火力発電所も整備する必要がでてくる。風力発電所が動かない時は、火力発電を動かさなくてはいけない。こうしたバックアップのために、イタリアならば実際に使っている電力の一五〇パーセントぐらいの発電量を持っています。それなのに、現在、関西電力では一五パーセントの節電を実行して、ようやく一〇〇パーセントをクリアーできると言っている。エネルギー政策を担当している方々からすれば、非常に恐い状況に陥っています。原発再稼働には、そういう側面があることも理解してほしいと思います。

　その関連でもう一つ例を挙げます。ドイツであれば、電力が不足してもアフリカから太陽光発電の電力を入れることができるなど、とても広いグリッドを

待機電力
コンセントに接続された家電製品が電源の切れている状態で消費される電力のこと。日本の一般家庭での世帯あたり平均的な待機電力は年一八〇ＫＷＨとされる。

ヘルツ
周波数、振動数の単位。Hzと表記される。日本の交流電源の周波数は東日本では五〇ヘルツ、西日本では六〇ヘルツと異なっている。

持っています。EU内では送電線がいたるところでつながっていて、たとえば、ドイツからスペインの風力の電気を買うこともできる。いつもどこかで風が吹いているから、吹いていないところと相殺できるわけです。

ところが、日本はそうはいかない。ただでさえ、東日本と西日本で五〇ヘルツと六〇ヘルツと割れている。極めて範囲が限られているので、どこからも相殺のために使える電力が入りません。そうなると周波数のバランスがとれない。だから「不安定な風力発電は三割ぐらいにしてください」という話になる。本当は三割よりもっと少ないほうが良いのですが。

数日前、朝日新聞の一面に「風力発電は、もはやいっぱい」という記事が出ていました。グリッドに入れられる風力発電の電力量は決まっているというのです。それに対して、原発は必ず動くので計算がしやすく、電力をコントロールしやすいのです。

先ほど停電のリスクを説明しましたが、それが一番恐い。利権などの理由で原発を動かしたいと思っている人もいるかもしれませんが、基本的には停電リスクが恐いが故に、安定的で品質の良い電気を送ることのできる原子力発電のほうが良いと思っている人もかなりいる。原発を守る理由も、電力をきちんと維持したいからという人もいれば、利権だからという人もいるかもしれない。

スペインの風力発電

スペインの風力発電量は全体の二〇パーセント近くを占めている。

いろいろな人がいるのだ、と分解して見てもらいたいのです。

岩井　風力発電で例を一つ挙げます。これが日本でできるのかどうかは別ですが、スペインの事例です。吉良さんが言ったように自然再生エネルギーは不安定です。お天気まかせで、曇りになったら太陽光は発電しないし、風が吹かなかったら風力はまわらない。電力は需要と供給が常にマッチングしてないと停電になってしまうので、自然エネルギーだと停電リスクが高まると言われています。

私がスペインで取材して、これはおもしろいなと思うのは、（日本でできるかどうか、わかりませんが）スペインでは天気を先読みするのです。天気予報の技術を応用して、風が吹くのを計算します。どこまで精密性があるのかもよくわからないのですが、この日は、この瞬間、このぐらい風が吹くと予想する。そうすると、風力発電はこれぐらいだろうと計算して、火力はこれだけ動かそうと計画をたてる。スペインでは、電力需要の六〇パーセントを風力発電でまかなった時もあるのです。それは本当に瞬間ですけれども、六割が風力発電という瞬間があって、その時は火力をグッと絞っていく。風力が動かなくなったら、火力を動かすことでやっているということです。日本のエネルギー政策は、ベース電源を原発にして、そこが常に一定だから計算しやすく安定し

フィードインタリフ
自然エネルギーの固定価格買い取り制度のこと。

メガソーラー
一Mワットを越す大規模な商用太陽光発電装置のこと。

ていた。スペインなどのように自然エネルギーの変動に合わせて火力を変動させることが日本でも可能か、よくわからないけれども、そうしている国はあります。

今後の展望ですが、「フィードインタリフ」という言葉を聞いたことはありますか？　自然エネルギーを一定の価格で買い取る制度が二〇一二年七月一日から始まりました。太陽光発電は四二円、風力が二三円で、この価格は業界団体の言い値で、かなり高いと言われてます。風力発電の普及が進まなかった理由の一つに、造ってもそれほど儲からないという事情があったのが、フィードインタリフで高い価格で売れるようになった。今、メガソーラー建設計画が相次いで動き始めており、ソフトバンクなどが次々に参入しています。それは結局、儲かる目処がついたからです。だから、今後ある一定以上は伸びていくでしょう。ただ、そのぶん僕たちの電気代は上がる。どこまで許容できるかという話になってきます。

スペインは一時期、太陽光バブルが起きて、太陽光発電がグッと伸びました。しかし、そのバブルがはじけました。フィードインタリフを高く設定し過ぎたのです。政府の予想よりも太陽光発電施設がたくさん建ってしまって、政府があわてて価格を落とした。するとバブルが一気にはじけて、投資のために借金をして太陽光発電をつけている人が破産してしまった。スペインは「自然エネルギーの成功の国」という見方もあるし、太陽光バブルを見れば「自然エネルギーで失敗した事例だ」という見方もある。今回の日本のフィードインタリフの価格設定も、自然エネルギーバブルを引き起こすのではないかという批判がある一方で、朝日新聞社は、これぐらいでないと自然エネルギーは普及しないと、わりと肯定的な立場でいます。

吉良　「ドイツもやっているから、日本もできる」と主張する方がいますが、やはりドイツと日本とでは事情が違う。グリッドの話をしましたが、他にも天候面の問題があります。たとえば日本は雷が落ちる。上越市では、市が導入した風力発電に雷が落ちて、止まっている発電所があります。借金だけが残ってしまっているのです。

他にも、ヨーロッパの場合、たとえば北海は風が一定だという特徴があります。同じ方向に吹いているから風車がうまく回る。日本で設置すると、いろいろな方向から吹いてくるから、それに合わせて動く風車を造っていますが、修理が難しい。そうした国の風土も考えないといけない。「ドイツがやっているから日本もできる」わけではないことも、再生可能エネルギーを勉強するのであれば押さえておいてください。

NRC (Nuclear Regulatory Commission)
アメリカ合衆国原子力規制委員会。連邦政府の独立機関。

RPS法
電気事業者による新エネルギー等の利用に関する特別措置法の略称。事業者に一定割合の新エネルギーの利用を義務付ける法律。自然エネルギーの固定価格全量買い取り制度導入に伴い、廃止される予定。

九電力独占体制
日本では地域ごとに一つの電力会社があり、独占的に電力の供給を行ってきた。近年、電力自由化が一定程度なされてきたが、福島原発事故を契機に改めて発送電分離などの議論が起きている。

発送電分離
電力会社の発電事業と送電事業を分離しようという考え方。日本では安定供給の妨げになるとして電力会社は反対している。

ラスムッセン・レポート
一九七五年に出された原発のリスクに関する報告書。重大事故が起きる確率は一つの炉について一〇億年に一回だとしている。

久野　少し補足します。日本は原発を導入しましたが、環境としては火山があり、地震があり、いわば自然災害の巣みたいなところです。それなのに、起きるはずがないとして「こんなところに原発を入れて良いのか」という議論を真剣にしなかった。たとえば、アメリカは原発を多数建てていますが、ＮＲＣが厳しい規制をしてます。ところが、日本は「原発は事故が起きないのだ」と自らが思い込んでしまっていた。だから、備えをしてこなかった。

日本でも、自然エネルギーを増やさないといけないという議論は以前からありました。たとえば、ＲＰＳ法では各電力会社に何パーセントかは自然エネルギーを割り当てる。それが北海道電力は一パーセント台です。手を挙げるところはたくさんあるのに、抽選になってしまう。つまり増やす気がまるっきりなかった。だから現状のような事態になっているのです。今からでも良いから、二〇年先、三〇年先のことを考えてやらなければいけない。九電力独占体制をどうするのか？　あるいは発送電の分離、系統連系をどうするのか？　そのことを真剣に考えなければならない。

もちろん原発を再稼働させれば、こんな問題を考えずにすみます。しかし、ラスムッセン・レポートで一〇億年に一回しか起きないと確率計算をしたにもかかわらず、現実にスリーマイル、チェルノブイリ、そしてフクシマで起きて

スリーマイル
一九七九年に米国ペンシルバニア州のスリーマイル島原発で炉心溶融事故を起こしたが、直接の死者はなかった。

チェルノブイリ
一九八六年にウクライナ（当時はソ連の一部）の原子力発電所が爆発事故を起こした。直接の死者は数十名であるが、被ばくによる発がん死者数の全貌はいまだに明らかでなく、数万人以上に上るという見方もある。

しまった。一〇年か二〇年に一回は起きるという現実があるわけです。今までみたいな考え方で良いのか。やはりもう一度真剣に考える必要があると思います。

もう一つだけ言っておくと、日本は人口が減り始めてます。にもかかわらずエネルギー基本計画では、日本は毎年二パーセント成長するのだとしている。成長すれば、エネルギーもまた増える、こういう前提そのものをもう一度考え直す。

たとえば、夏に停電が恐い、消費エネルギーが要る、という話がある。だけど、学校は夏休みがあります。暑いから勉強できないのですよ。だったらフランスみたいに、産業界も一カ月間、休めば良い。経済的ダメージを受けるかもしれないけれども、貧しいけどのんびりとした生活を送ることも可能かもしれない。エネルギー消費そのものを減らす、そういう社会を考える必要があるのではなかろうか。文明の発達＝エネルギーの大量使用という考え方そのものに疑問符を突きつけたのが、今度の三・一一ではないかという気がしています。

記者や報道のあり方

小池　再生エネルギー論から、将来の日本のあり方の話になってきましたけれども、ここで私から二つ、三つ質問させてください。記者や報道のあり方について、参加者の方々も聞きたいだろうし、また実際、何をやっているのか、つかめてないのではないかと思います。

まず、先ほど「記者クラブ」の話が出ましたが、記者クラブがどこにあって、何をやっているのか。記者クラブの閉鎖性がよく言われるけれど、本当に閉鎖的なのか。お二方にコメントをいただけますでしょうか。

岩井　記者クラブは各省庁にあります。霞ヶ関の環境省の中にも一室あります。私たちはふだんそこに出勤して、与えられた机に座って、電話もあります。広報室で報道発表があると、その発表を見て記事にします。もちろん、発表をただ書くのが記者ではないので、ふだんから官僚のところに行って話を聞き、自分の問題意識で取材をしたりします。大臣を取材するのも仕事です。大臣が火曜日、金曜日に定期的に会見するので、その取材をする。あと、副大臣、政務官の取材もします。

小池　外国の人たちは入っているのですか。外国のメディアは？

岩井　環境省には入ってないですね。登録さえすれば、たぶんできます。閉鎖性と言うほどでもない。実は、これまで環境省はまったく注目されるところではなかった。いわゆる弱小省庁で、マスコミの注目度もまるっきり低い省庁だったのです。

小池　なぜ役所の中に記者クラブがあるのでしょうか。役所の外ではなくて。

吉良　役所内に記者クラブがある理由ですが、説明が難しいのですけれども、僕は、いち早く情報にアクセスするためだと思っています。省庁に情報が入ってきたら、それが本当にとんでもないことだと、省内がざわつきます。それを肌で感じます。そこで取材ができる、そんな理由があると思います。先月、記者クラブの幹事社だったのですが、今は岩井君が幹事社で、連絡は岩井君に来ます。

閉鎖性に関しては、うちのクラブに関しては、「来たい」と言えば拒んではいないと思います。排除していることもなく、疑問視されるほどではない。新聞社にはいろいろなクラブがありますが、僕はあまり排除していると言われるクラブには入ったことがありません。環境省の会見にはたいていフリーの人も出席して、質問もしています。細野環境大臣の会見でも、フリーの人がたくさん質問していて、閉鎖性というのはあまりない。

情報源の秘匿
ジャーナリストの守るべき最高の倫理の一つとされているが、法律上の明示規定はない。

小池　「夜討ち朝駆け」あるいは「夜回り」と言ったりしますが、夜に環境大臣の取材に行ったり、役所の官僚の取材に行ったりしますよね。たとえば、細野大臣の夜回りは、どういうふうにするのですか。

岩井　私たちはマル秘の情報が欲しいわけです。日中に官僚のところにコンコンと行って、まわりにいろいろな人がいる中で「マル秘情報を教えてくださ い」と言っても、誰も教えてくれない。だから家に行きます。「朝駆け」とは、出勤、仕事に出てくるところを、家の前で待っていてつかまえる。「夜討ち」は、家に帰ってくるのをつかまえて話を聞く。これのメリットは、まず、秘密性が守られることです。秘密の情報を流しても、誰が話したかわからない。我々記者には秘匿権、情報源の秘匿という大原則があって、誰から何を聞いたかは絶対に言わないので、そういうかたちで教えてもらう。と、一般論として言われています。

　こうことをしていると、人間関係というのが出てきます。人間なので、情がわいて、「あっ、こいつ、がんばってるな」と、非常に仲良くなることもある。他に、夜討ちで、酔って帰ってくると口が軽くなる、それを狙っていると も言われています。

吉良　「夜討ち朝駆け」ですが、新聞記者として基本は「聞かないといけないことがあれば、いつでも行く」ということです。夜回りでは、夜中の三時にピンポンと押したことがあります。押さないといけないということを、僕らは常に意識しています。午前三時であれ、電話をかけなければいけない時はかける。それはなぜかといえば、読者に一番新しい、正確なニュースを届けるためです。そのためにどんな手段をとるかということは、二番目の問題だと思います。新聞記者という仕事をしていくと、必ず何かのミッションを背負っています。新聞記者であるかぎり、「正確に特ダネを書く」ということが課せられている。「そのために何をするか」ということなのですね。

警察取材などでよく聞く「夜討ち朝駆け」ですが、警察官とどこかで接触して、こっそり教えてもらって、それで書いていると思われているかもしれません。僕は、そんな簡単な話ではないと皆さんに言っておきたい。取材に出かけて、たとえば「明日、逮捕するよ」「はい、わかりました。書きまーす」と、そんな簡単な話ではありません。彼らも守秘義務を背負っていますから、本当は言ってはいけない。それなのに、しゃべってくれる人もいるかもしれない。でも、僕らとしては、新聞記者は配慮、配慮、配慮ですから、相手に守秘義務を犯させないように質問をするテクニックを身につけないといけない。

何か質問をする際に「教えてください」「はい、明日、やりまーす」といって出るものではない。誰かを待ちかまえている間にも、どう質問しようかと、グルグル、グルグル、頭で考えてます。これは遺族の取材でも同じです。押そうかとポンと押す時に、一年生の時だったら、その勇気がないのです。押そうかと思っても、「こう聞かれたらどう答えよう」と考えてしまう。遺族に「何でこんな時に来るんだ」と言われたら、どうやって答えたらいいのか、一生懸命、想定問答しています。そんなふうにしながら、しかるべき時に取材している。新聞記者については、そう思ってもらえるとありがたいと思います。

小池　記者はものを書く仕事で、やや特殊かもしれません。しかも、基本的に論文を書くより、もっと速いペースでどんどん書いていくのがふつうです。やはりスキルが必要ですが、皆さんの場合は、会社でそういうトレーニングを受けるのでしょうか。つまり、書くだけではなく、記者としてのトレーニングを受けるのか。同時に、ご自分でライティング・スキルをアップするために、何か特別に工夫されていることはありますか。

岩井　公式のものとしては、基本的に訓練はないと考えてもらって良いと思います。ふだんから書いたものを上司に見せて、上司に怒られる。これをひたすら繰りかえす。私はいまだに原稿を出すと、たいがい大幅に書き換えられます。新聞に載る時はかなり書き換えられています。いまだに「おまえは、何を書いているのかわからない」とよく怒られます。正直言って、僕はいまだに文章がへたくそです。そこで、どう書き換えられたのか見て学びます。自分の記事を上司がどう書き換えたか見ることで、自分の文章が上達できたらと思っていますが、なかなか難しい。今、悩んでいるところです。

吉良　「よく読め」と言われます。「よく読む」ことで文章力は上がると思いますが、僕の中ではひたすら事前に準備することにつきる。あらゆることが発生する前に事前に書いておく。そうして書いておくと、電車の中でつり革につかまっている時に、「やっぱりあの書き方だとわからないな」などと思う。そうしたら、もう一度ファイルを開けて、書き直してみる。事前に書いておいた文章を一日後にもう一度読んでみる。そうしたら「書いている時は納得して書いていたけれど、やっぱり読んだらわからないな」ということがある。

あとは、僕がやっていることは、先輩であろうが、後輩であろうが、原稿を書いたら人に読んでもらって「変だとか、わからないところは全部言ってください」と言う。そこで全部直すと、文章の良さが磨かれるのではないかと思っています。

小池　レポートなども、ひょっとしたら、同じかもしれませんね。

若者の投票率
二〇〇九年の衆議院選挙では二〇代の投票率は四九パーセントであり、他の年代がすべて六〇パーセントを超しているのとは対照的である。

若者の政治参加を促すには？

小池　質問やコメントのある方は、手をあげてください。

T（学生）　総合政策学部三回生のTと申します。最近というか、ずっと言われていることかもしれませんが、若者の政治に対する関心についてうかがいたいと思います。高齢者に比べて、若い年代の投票率が低いなどとよく聞くのですが、新聞社として、若者に対して政治参加を促すというか、まず問題意識を持たれているのでしょうか。もし問題意識を持たれているのならば、若者に対して、どんなアプローチをしていけば良いのか、お聞きしたいです。

岩井　現場を取材していると、そういう大きなことはあまり考えないのが正直なところです。僕が学生の時、政治に関心があったかというと、そんなになかった気がするのです。

一方で、政治に関心をもたないと損をすると思います。自分の生活を守るためにも関心をもったほうが良い。若者は特に投票は行ったほうが良い。そうしないと、高齢者ばかり投票することになって、高齢者重視の政策ばかりになる。政治家はどのように当選して生き残るかが、まず一義的ですから、やはり投票してくれる人のほうを見るわけです。ですから投票で若者の意見を伝えることが、自分たちのためには絶対良いと思うのです。

質問の答えにはならないかもしれませんが、新聞社としては、大きな問題意識として持っているのは確かです。新聞を読んでもらえるか、読んでもらえないか、ニュース自体に関心を持っているか、持っていないのか。新聞社もテレビもそうですが、問題意識を持っていると思います。

吉良　難しいですよね。若者の政治関心がなくて、新聞社がどうやって若者の政治参加を喚起するのか？　「新聞社がそこまでやらないといけないのだろうか」という思いが、僕にはあるのです。たとえば、「今以上に若者側に寄って、大学生向けの新聞を出すということかな？」などといろいろ考える。そういう社会現象があるのは事実です。でも、新聞が変わるというよりは、その現象を変えていったほうが良いのかもしれない。しかし、変えようとしても、若者のほうが考えてくれるのだろうかという疑問もあるのです。僕は大学生の時は、政治にあまり触れないように、ノータッチでいようと、ずっと思っていました。議員の応援に行く同級生もいたのですが……。政治というものが力を発揮するのは、どちらかといえば、決断力ですね。「Ａか、Ｂか」、「Ａにするぞ、早くやるぞ」、「Ｂにするぞ」そんな素早い決断だと思うのです。だから、その決断のところに学生からかかわるとすると、もう政治家になるか松下政経塾に入る、というような話になってしまう。

僕は「判断をするためのデータを調べる」ほうに関心がありました。これは霞ヶ関の官僚のような仕事です。「全体がどうなっているのか」を分析する仕事、そのための素材を集める仕事です。大学生の時から、そんなことを考えていたのです。

それで、政治というものをどのように考えるか？　僕もそのあたりはなかなか苦手でした。僕らの一期生では、Si君が豊中市議をやっています。そういう方に聞いていただけると、先輩を頼っていけばいろいろな話を聞けるのではないでしょうか。Se君は三田の市議をまだやっているのでしょうか？　辞められましたか。二期生でも区議選に出て、落選した人もいます。総合政策学部の学生で、政治に進む人は結構います。

メディアと公共政策

小池　せっかくメディア、新聞記者の方が二人、来られているので、現場の記者の方に、お聞きするのは少し酷かなという気もしますが、メディアと公共政策のようなテーマを振ってみたいと思います。これはまず両先生に答えていただきたいのですが、そもそも今の新聞を中心とするメディアは、公共政策形成決定過程の中で、重要な役割を果たしているのでしょうか。もし果たしているとすれば、それは持続可能なのでしょうか。あるいは果たしてないという結論があるとすれば、それはどうしてなのでしょうか。そもそも期待できないものなのでしょうか。まず、両先生からコメントしていただいて、そのうえでお二人のご意見をうかがいたいと思います。

鎌田　本日の決定的に重要テーマだという印象ですが、メディア、特に新聞の役割や環境政策に関わる問題をずっと聞きながら、私が頭の中で考えたことは、今、現実に起こっている問題、絶対にクリアーしなくてはいけない問題があるわけですね。たとえば、現在逼迫しているエネルギー状況をどうするのか。その一方で、これから将来に向かってどうするのか。一〇年先、あるいは三〇年先です。

日本のメディアを見ていて、日本全体のキャラクターなのかと思うこともありますが、「現在の逼迫度や、それをどうするのか」については非常に関心が高い。それに対して「一〇年、二〇年とか、五〇年先、あなたはどうしていますか」でも良いし、「日本はどうなっていますか」でも良い。「世界はどうなっているのか」、そんなことを言ってもピンとこないというか、あまり人びとの関心も引かない。

国外でも、そういう国もあるかもしれません。しかし、私はそんなに多くの国へ行ったわけではありませんが、全体的に、日本は「現世意識」が強いという印象があるのですね。このあたりを、メディアや新聞も含めて、どういうふうに対処するのか。ある意味では、メディアとは国民の考えていることの一つの鏡です。もし国民が「現在」を中心に考えているのならば、報道もそれを重視してやっていくべきだ、というのも一つの発想ですよね。しかし、もう一方で、メディアというのは、人びとが気がついてなくても、こういうことは大切なのだよということを指し示すという意味の、少なくとも日本の歴史の中ではメディアはそういう役割を果たしてきたわけですよね。その部分はどうなっているのか。

メディアの基本的な役割として、(政治も実は同じかもしれませんが) 現状をふまえた切迫したテーマに対する対し方と同時に、中長期的な先を読む目的意識、あるいは理想像を示すことがあるかもしれない。それが日本では、「桃源郷」のような理想像を言っても意味がない、と抑えつけられてしまう傾向が強いと思うのです。このあたり皆さん、現場の記者として、その二つのバランスをどう考えているのでしょうか。もちろん良いバランスを見つけることが最終的な答えです。しかし、今の日本の現実では、いろいろな問題が折り重なっていると思うのです。そのあたりのお考えについて聞いてみたいと思います。

小池　ありがとうございます。非常に良い質問だと思います。次に、久野先生にうかがって、そのあとで、お二方のご意見をうかがいましょう。

久野　九〇年代に入ってから社会がずいぶん変わったなと思っています。僕は一九九六年に初めて教壇に立ったのですが、当時は月に一回、環境庁に行って、いろんな資料をもらってきて、こんな情報があると皆に見せていたわけです。

　ところが、それから二、三年もしないうちに、そんなことをしなくてもネットに嫌というほど情報がありあまる時代になった。一九九〇年代に入って、地方分権、情報公開、それから住民参加、これらがキーワードになっています。問題は、ありあまる情報の中で「どの情報が重要なのか」という情報です。メディアに期待したいのは、これまではどのマスコミ、新聞も同じような記事を書いていたけれど、これからはそれぞれ個性を出して、「現代を読み解く情報はこれだ」というウエイト付けをする。それを我々は参考にする。そして、自分自身が一人ひとりで判断できるようになってほしいという気がしています。

　そのことが直接、どう政治過程に関わっていくのかという話はまた別です

地方分権
政治・行政の分野において統治権を中央政府から地方政府に移管すること。九〇年代に入り、地方分権を求める声が強まり、二〇〇〇年には地方分権一括法による地方自治法改正により、中央政府と地方政府の関係が名目上対等なものになった。

情報公開
公の機関の管理する情報を一般に開示すること。九〇年代に入り、ネット社会化の進展に伴い、情報公開化を求める声が強くなった。二〇〇一年情報公開法が施行された。

住民参加
地域に関する事業などの政治・行政の意志決定の合意形成の過程で行われる利害関係者としての住民の参加をいう。現行の行政手続法では明示されていない。

が、たぶん情報をいかに主体的に受けとめられるのかということに関わってくるのではないかと思うのです。

小池　情報それぞれを、受け手が主体的に分析したり、判断したりできるようなガイド役を務めるということですね。現在の問題と、中長期な問題とのバランス。そして、今おっしゃったような情報が過多という社会で、そのガイド役を新聞、メディアが期待されているのではないか。ともに重要なテーマと思います。テーマが大きすぎるかもしれませんが、何か感想、あるいはコメントがあればお願いします。

岩井　ご指摘のようでありたいとは思っています。まず、政策への影響力ですけれども、実際の影響力はあると思います。政治家や官僚の人たちは新聞に報道されることを非常に気にしています。

大阪地検の特捜のＦＤの改ざんでも、朝日新聞が報道したことで、取り調べ透明化の議論が進んだわけです。いわゆる特ダネ、主張が政策に影響を与えることは、実際あるとは思います。そこでいかに世論を喚起できるかという部分にもかかってくるとは思うのですけれど。

新聞社も、その点、変わろうとしていると思っています。「新聞に求められるのは、ただ事実だけを載せれば良いのだ」という人もいれば、「そうではな

洋上風力
海につくる風力発電所。海底に基礎をつくるものと浮体式のものがある。日本ではまだ実例は少なく、その普及が課題になっている。

くて、深い読み解きをするべきだ」という人もいる。朝日新聞では、事件の背景などを読み解くような分析記事や、現場に記者が入って書く長文のルポを、最近載せるようになってきています。新聞社も、そういう特集面を組むことなどで、おっしゃる方向に徐々に変わってきているという印象は持っています。

吉良 非常に難しい課題です。中長期という時間的な話とともに、もう少し空間的な拡がりというべきなのか、たとえば、原稿を三〇行ですますか、六〇行ですますか、という話にもかぶってきます。たとえば、「洋上風力といわれる海上での発電所を作る技術ができました。何日に何万ワット時発電します」と書くだけでは、三〇行で終わってしまいます。そこからさらに、「この技術は外国ではこれだけ拡がっていて、将来はこういうことを担うことが期待されている」。さらに「今、率先して技術開発に取り組めば日本が世界をリードできるかもしれない」という広がりをもって書くのか、ということです。

僕は、再生可能エネルギーの原稿を書く時は、できるだけ空間的、時間的な広がりについて、蛇足かもしれないが一五行は入れるように心がけています。たとえば、何年にはどれだけ普及する可能性があるとか、これは時間的なつながりですね。空間的な考え方であれば、外国に売るということもあるし、福島県の洋上にはこれだけの余地があるなど。そのあたりは、特にエネルギー政策

マックス・ウェーバー（一八六四〜一九二〇）
ドイツの社会学・経済学者。代表作に『プロテスタンティズムの倫理と資本主義の精神』など。

『職業としての学問』
一九一七年にマックス・ウェーバーが大学生に学問と学者のありかたについて講演した内容を著した本。

ナチスドイツ
アドルフ・ヒットラーを統領とするナチス党が権力を掌握していた一九三三年から一九四五年までのドイツ国家を指す。

的なところにぶつかった段階で、記者レベルでも工夫を考えなくてはいけないという気になってきました。

それから、情報が非常にたくさんあるという時代なのですが、その中で、どれが正しいのか、難しい問題です。僕が大学で勉強した時からのあくまで経験ですが、新聞記者になった今でも「読売新聞が書いているこれこそが答えなのだ」という感じでは、何かを提示したくはないのです。

学生時代に読んだ本でよく想い出すのは、マックス・ウェーバーの『職業としての学問』です。マックス・ウェーバーが講演することに関して、学生は答えを求めているのですが、マックス・ウェーバーは「答えは言いたくない、日々の仕事にかえりなさい」と言う。講演を聞いている人は答えを求めて、方向を定めるように求めていたけれど、そういう答えをあえて言わなかった。しかし、その後、安易に方向性を求める志向が、ナチスドイツなどに拡がっていった。これは僕が学生の時からずっと思っていることです。

読売新聞が「これが正しい」と書いているとしても、読売新聞の記者でありながら、僕はずっと「あなたが考える際の材料の一つにしてほしい」と思っています。記事に対する批判は受けますが、「提示しているのは『答』ではなくて、一つの提案だ」とずっとずっと思ってるのです。

久野先生がおっしゃっているように、今、大量の情報があるじゃないかと。時代が変化しているのではないか。その中でメディアはどういうふうに伝えていけば良いのかという点は、正直なところ僕もわからない。でも、インターネットで情報が出るようになったとしても、新聞を「判断のための材料の一つにしてほしい」という気持ちは、学生を経験した時からずっと変わっていない。「学生のほうで、見る目を養ってください」と言わなければならないわけです。それでは「他人まかせなのか」とも言われかねず、こちらも結構つらい。でも、一つ言えることは、「大いに議論してください」ということだと思うのです。「これが正しい」というのではなく、学生の間で議論しても良いし、僕らに議論をふっかけても良い、社会人に聞いても良い。いろいろ議論することにおいてしか、正しさは見つけられないと僕は思ってます。

総政での学びについて

小池　お二人に簡単で結構ですが、うかがっておきたいことは総政の学びについてです。私は関西学院にお世話になってから三年ちょっとになりますが、総合政策学部は広く多くの政策イシューを勉強しますよね。これはメディアに行

T字型人間
幅広い知識と専門分野における深い知見を併せ持つ人間のこと。

く人にとって、非常に役に立つ学部ではないかという気がするのですが、実際に入ってみてどうですか。総政で学んだことが、実際ジャーナリストになって、役に立ったという感じがありますか。あるいは、もう少しこんな点を学べれば良かったということはありますか。

岩井　それは役に立ったと思っています。幅広い分野を勉強しているので「入口」を知っている。いろいろな問題に出会った時に、とっかかりが良いかなと思います。ただ、一点、T字型と言いますが、柱がどこなのかと言われた時に、柱が弱い部分があるのですね。だから目指すのなら、そのT字型の縦軸を意識して、自分はこの分野は強くて、さらに横に拡げるというようにしたら良いのかなと思います。

小池　強いものを持つべきだということですね。

吉良　ツールとして、英語は勉強しておいたほうが良い。環境省の中でも初め、名刺を切りにいったら、会話にたくさん英語が混ざっていて、「何か斜《はす》にかまえた人たちだなあ」と思っていたのですけれど、実際に取材してみると、「世界は極めて身近で、日本でも英語が普通の会話に出てくるぐらいになっている」ということが一つ。これは学生時代にやっておけば、ということです。
総合政策での学びですけれども、僕の中では非常に役に立っていますね。鎌

廃炉
必要のなくなった炉を停止し解体すること。原子炉の場合は、放射線で汚染されており、廃炉の手順は確立しておらず、日本では廃炉が完了した事例はいまだない。

田先生のゼミだったこともありますが、法学的な考え方とか、経済学的な考え方、社会学的な考え方とか、思考が自分の中で切り替えができていると思うのです。ある問題を捉える時に、社会学的に考えたらどうなのだろうか、法学的に考えたらどうなのだろうかと。たとえば原発にしても、四〇年で廃炉にさせるという、それは結構だと。でもそれは法律的に考えれば、まだ使える私有財産に関して、国が使うなとストップをかけているわけで、損害賠償の対象になりますよね。その賠償は誰が負担するのか、これは非常に法学的な考え方ですよね。そういうふうに切り替えができるのは良いと思います。

専門もあったほうが良いのですけれど、僕は大学時代に多様な思想家の本をたくさん読んで、「あっ、こういう考え方をするのね」というのが、とても勉強になっていました。

小池　マックス・ウェーバーの話は鎌田先生からリコメンドですか。

吉良　何となく読んだのですね。先生にあれを読めといわれて、影響を受けたとか、たくさんあるのですけれども。

鎌田　指定してないですね。

吉良　社会学者のデュルケムの『自殺論』に大きな影響を受けているのです。自殺というのは倫理的に変だと思うかもしれない。でも社会学的にみたら、人

デュルケム（一八五八～一九一七）
フランスの社会学者。実証科学としての社会学を確立した。代表的著作として『自殺論』が有名。

自殺論
一八九七年に公刊されたデュルケムの代表作。自殺を社会事象として論じ、四つに類型化した。

は一定の割合で自殺する。その割合から外れて、自殺率が上がるのも下がるのも異常なのだと。異常な人が自殺しているというのが倫理的な考え方かもしれないが、統計的に見れば、やたらと自殺者が少ないのも異常だと。こんな切り替えですね。こういう考え方ができるようになった気がします。

小池　そろそろ時間です。改めて読売新聞の吉良さん、朝日新聞の岩井さん、そして、久野先生、鎌田先生にお礼を申し上げたいと思います。どうもありがとうございました。

あとがき

小池洋次

報道人の緊張感と総合政策学部への愛着がにじみ出るシンポジウムでした。本書を読み返してみて改めてそうした思いを強くします。

これまで多くのシンポジウムを手掛けたり、見聞きしてきましたが、今回のように中身の濃いものはそう多くはありません。それは、ひとつに、ゲストの吉良敦岐、岩井建樹両氏の識見と経験、そして熱意によるのですが、同時に本書の編集、出版まで尽力された久野武、鎌田康男両先生のおかげと言うべきでしょう。特に久野先生には企画段階から大変お世話になりました。困難な編集作業に取り組んでいただいた関学出版会の皆さんにもお礼を申し上げます。

本書はいろいろな角度から読めるはずです。環境や震災復興の問題を考える際の参考として、メディアの内情や問題を知る手引きとして、あるいは、大学の今後を考える一助として……。モデレーターを仰せつかった筆者も、実に多くの知識とヒントをいただき、知的な興奮と満足感を覚えています。

環境や震災復興については、歴史的な位置づけや現場の感覚を知ることができたのではないでしょうか。地球を考えるようになったのは冷戦が終了したことにもよるという指摘には「なるほど」と納得できました。震災復興、特に、がれきの広域処理が進まない理由についても、実際に取材した記者でなければ聞けない話が数多くあったと思います。

記者活動の現実を知ることもできました。「新聞記者というのは準備に尽きる」という指摘は記者活動に限らず、多くの活動に共通する真理かもしれません。事態の展開をいろいろ予想し、何通りもの原稿を書いておくという話は感動的ですらありました。

今回のシンポジウムは大学のあり方や学びとは何かを考えるうえでも示唆に富むものでした。多様性を特徴とし、政策をいろいろな角度から分析する総合政策学部だからこそ実現できたとも言えます。吉良氏の言葉に「（総政は）一九九二年の地球サミットなどの歴史を背負ってできた」というのがありましたが、その通りなのでしょう。総政は環境やエネルギーを中心にグローバルな問題をさまざまなアプローチにより解決を目指すよう義務づけられているというべきかもしれません。シンポジウムを記録した本書が、多くの学生、教職員、そして地球の諸問題を考える人々に読まれ、グローバルな問題の解決がさらに前進することを期待しています。

K.G. りぶれっと No. 33
環境記者、大いに吠える！

2013 年 9 月 20 日 初版第一刷発行

編　者　関西学院大学総合政策学部

発行者　田中きく代
発行所　関西学院大学出版会
所在地　〒 662-0891
　　　　兵庫県西宮市上ケ原一番町 1-155
電　話　0798-53-7002

印　刷　協和印刷株式会社

ISBN 978-4-86283-144-6

http://www.kwansei.ac.jp/press

関西学院大学出版会「K・G・りぶれっと」発刊のことば

大学はいうまでもなく、時代の申し子である。

その意味で、大学が生き生きとした活力をいつももっていてほしいというのは、大学を構成するもの達だけではなく、広く一般社会の願いである。

研究、対話の成果である大学内の知的活動を広く社会に評価の場を求める行為が、社会へのさまざまなメッセージとなり、大学の活力のおおきな源泉になりうると信じている。

遅まきながら関西学院大学出版会を立ち上げたのもその一助になりたいためである。

ここに、広く学院内外に執筆者を求め、講義、ゼミ、実習その他授業全般に関する補助教材、あるいは現代社会の諸問題を新たな切り口から解剖した論評などを、できるだけ平易に、かつさまざまな形式によって提供する場を設けることにした。

一冊、四万字を目安として発信されたものが、読み手を通して〈教え―学ぶ〉活動を活性化させ、社会の問題提起となり、時に読み手から発信者への反応を受けて、書き手が応答するなど、「知」の活性化の場となることを期待している。

多くの方々が相互行為としての「大学」をめざして、この場に参加されることを願っている。

二〇〇〇年　四月